# 城市动物园更新设计：重塑人与自然的关系

费文君  史 莹  黄豆豆  著

东南大学出版社
SOUTHEAST UNIVERSITY PRESS
·南京·

## 内 容 提 要

　　本书对城市动物园的更新设计理论进行了较为系统的研究和探讨，共分为五个章节，包括：城市动物园发展概述，城市动物园更新设计概述及案例选调，城市动物园提升设计方法研究，提升设计案例研究——以"临沂动植物园"为例以及最后的总结。本书内容新颖、案例丰富、图文并茂、可读性较强，适用于高等院校风景园林、环境艺术等相关专业的师生，也可供从事动物园设计、建筑设计、园林绿地设计工作的人员参考。希望本书能填补国内有关城市动物园设计方面书籍的缺失。

## 图书在版编目(CIP)数据

　　城市动物园更新设计：重塑人与自然的关系/费文君，史莹，黄豆豆著.—南京：东南大学出版社，2021.7
　　ISBN 978-7-5641-9576-2

　　Ⅰ. ①城… Ⅱ. ①费… ②史… ③黄… Ⅲ. ①动物园-建筑设计-研究 Ⅳ. ①TU242.6

　　中国版本图书馆 CIP 数据核字(2021)第 118980 号

**城市动物园更新设计：重塑人与自然的关系**
Chengshi Dongwuyuan Gengxin Sheji：Chongsu Ren yu Ziran de Guanxi

| | |
|---|---|
| **著　　者：** | 费文君　史　莹　黄豆豆 |
| **出版发行：** | 东南大学出版社 |
| **出 版 人：** | 江建中 |
| **社　　址：** | 南京市四牌楼 2 号(邮编：210096) |
| **网　　址：** | http://www.seupress.com |
| **责任编辑：** | 宋华莉 |
| **经　　销：** | 全国各地新华书店 |
| **印　　刷：** | 南京玉河印刷厂 |
| **开　　本：** | 700 mm×1000 mm　1/16 |
| **印　　张：** | 16.5 |
| **字　　数：** | 296 千字 |
| **版　　次：** | 2021 年 7 月第 1 版 |
| **印　　次：** | 2021 年 7 月第 1 次印刷 |
| **书　　号：** | ISBN 978-7-5641-9576-2 |
| **定　　价：** | 68.00 元 |

# 前　言

　　1949 年新中国成立后，为了丰富市民文化生活，提高城市建设水平，一座座城市动物园如雨后春笋般相继建成，动物园事业得到了较大发展。如今七十个年头已过，随着自然科学的进步、公众意识的变化以及来自旅游市场不断增强的竞争，传统城市动物园或局部改造扩建，或早已搬迁转型，都在各自谋求改进与探索之路，于当代解决自身发展的困境。经济与自然相互协调，是生态优先理念的倡导。提高动物园环境建设质量、加强动物保护是城市生态文明建设提升的必要环节，也是人类文明发展新阶段的必然要求。

　　在城市公园绿地体系中，动物园作为专类公园的一种，具备保护、教育、科研与娱乐四种功能。在现代城市中，动物园建设立足于生物多样性保护领域，是城市生态网络建设的重要一环，其教育功能更是有助于整个生态系统的保护。因此，动物园规划设计工作不仅限于城市绿地系统，而且涉及更多学科领域。面对当下情形的改造更新过程，其规划建设中的布局结构、功能分区、景观要素、展区设施、服务设施、运营管理等方面的相关工作被赋予了全新内涵。放眼全球，我国对城市动物园规划设计理论方面的研究存在一定的局限性，缺乏针对性的指导规范；实践方面无论是理念还是经营模式，与国外先进国家相比均存在一定差距。在规划设计动物园过程中，还需将生态优先理念作为基础，结合因地制宜的合理规划，构建良好科学的观展体系与景观，保证动物园得以发挥科普教学和科学研究功能。

　　基于此背景，本项研究将动物园中起步较早、改造需求最迫切、与城市居民联系最为紧密的城市动物园作为研究对象，对城市动物园更新设计理论进行了较为系统的研究和探讨，并对本套理论体系的实践应用做出详细解读。全书从以下五个部分展开：

　　第一章通过对大量文献资料的梳理和信息搜集，在城市动物园发展背景下确定研究背景——政策背景、时代背景，以及国内外研究进展，明确城市动物园相关的理论基础，总结研究目的与意义，确定研究方法。对相关案例充分调研后，针对当代城市动物园的发展整体情况与个体特色，提取有益信息，聚焦现存问题，为接下来的城市动物园更新设计探讨做好准备工作。

　　第二章则从专类园特征出发，考虑城市动物园的特殊性。对北京动物园、上海动物园、南京红山森林动物园以及苏州上方山森林动物世界，这四个具有典型性的动物园进行实地调研，从布局结构、功能分区、园林要素、专类设施、服务设施、建设运营等方面对其进行深入研究。将完善设计团队、提升设计理念、体现时代特色等更新设计的要求融入其中，通过合理措施使城市动物园在提升后既保留原有特色与风格，同时也能推陈出新，体现时代的风貌和满足公众的需求，积极改善动物生存环境的同时充分发挥保护教育效益。

第三章结合城市动物园建设的相关法律法规、标准及理论研究，明确提升设计的五大理论依据及五大设计原则，将提升设计的内容具体分为理念定位、整体氛围、布局结构、功能分区、园林要素及各专项提升，专项又分为动物福利专项、生态专项、运营管理专项和社群关系专项；将动物园功能分区的提升作为最重要的部分，包括动物展区、入口服务区、休闲活动区、科普教育区、办公管理区五个部分，改善隔障、丰容、高差等因素，增加休憩设施、科普设施，提升动物福利以及游客的游园体验。

第四章选取研究团队参与实践的临沂动植物园提升项目，从项目概况到场地现状分析以及提升设计总体思路再到整个更新设计过程四个主要阶段进行全方位、全时段、全过程的阐述与分析。在更新设计中该案例结合前文所述理论与实践方法，重新定位并明确其理念与特色，提升设计具体包括布局结构更新设计、功能分区更新设计、园林要素更新设计等，与第三章的提升设计方法相呼应。从全新的角度对城市动物园进行更新设计分析，进一步丰富城市动物园提升设计方面的实践经验。

第五章分别从理论和实践两个方面整合以上适合我国国情的城市动物园提升设计研究方法，阐述本项研究的创新与不足之处，展望未来城市动物园的进一步发展，为我国城市动物园提升设计提供一定的理论支持和实践借鉴。

编者在本书的编写过程中加入了大量的实地拍摄照片以及大量手绘插图，力求使本书能以一种易于理解和接受的方式来呈现，并参考国内外相关著作、教材、论文以及网站，在此谨向有关作者表示谢意。

动物园的发展由来已久，全国甚至世界范围内的动物园数量难以计算，在具体施工时需要考虑当地气候、水土、地形等多个因素，本书对城市动物园的研究只能是阶段性成果。由于编写水平所限，加上编写时间紧迫，疏漏与错误之处在所难免，恳切希望专家、读者予以批评指正。在此，对编写过程中给予支持的各位同仁表示感谢。

编写组

2020 年 10 月

# 目　　录

## 第一章　城市动物园发展概述

## 第二章　城市动物园更新设计概述及案例选调

## 第三章 城市动物园提升设计方法研究

## 第四章 提升设计案例研究——以"临沂动植物园"为例

## 第五章 总 结

# 第一章

# 城市动物园发展概述

我国动物园大多建于 20 世纪 50～60 年代,对动物采用的是笼舍养殖展览

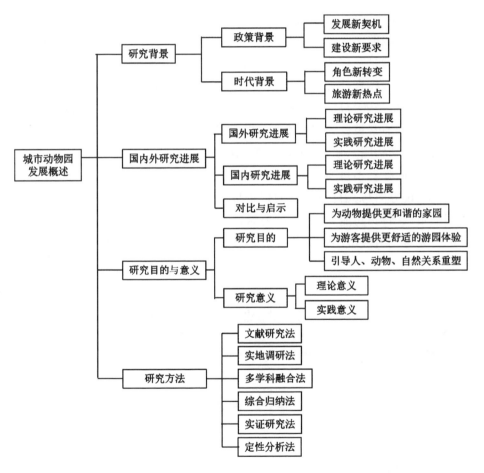

图 1-1　第一章研究框架

图片来源:作者自绘

和管理模式,该模式已经无法适应生态文明时代的需求。现代郊野及野生动物园的兴起,也给城市动物园的运营带来冲击。因此,动物园如何在发挥现有优势资源的基础上,融合动物友好的生态理念,实现向现代动物园的转变,成为急需解决的问题[1]。如图 1-1 所示,第一章将从研究背景、园内外研究进展、研究目的与意义、研究方法四个方面展开论述。

## 1.1 研究背景

城市动物园有着悠久的历史,经过漫长的发展,从皇权贵族的饲养场所,到展示新奇动物的场所,伴随着人类对自然保护、野生动物保护的认识的不断变化,动物园的功能也发生着巨大的变化[2]。现代动物园除具有休闲娱乐功能外,更多的是发挥动物保护、教育以及研究的功能,成为城市居民体验自然生态的场所,越来越强调动物福利与人的体验感受,动物园中人与动物关系的修补也正是人与自然关系重塑的起点。根据位置、规模以及展出形式的不同,动物园通常被分为四大类型：城市动物园、专类动物园、人工自然动物园以及自然动物园。其中,城市动物园在城市化进程以及动物园自身发展的背景下,正面临着不可避免的更新设计。从近期动物园的搬迁改造来看,动物园的建设方向与其自身宣传的保护理念并不完全相符。因此关于城市动物园的布局结构、功能分区、园林要素以及一系列专项设计的系统化提升设计的研究对我国城市动物园的发展以及保护其教育职能的继续发挥都具有十分重要的意义。

**图 1-2 研究背景**

图片来源：作者自绘

### 1.1.1 政策背景

#### 1) 生态文明建设背景下的城市动物园发展新契机

党的十八大报告对"大力推进生态文明建设"提出了新的要求,指出建设生态文明必须要树立尊重自然、顺应自然、保护自然的理念,要把生态文明建设放在突出地位[3]。2015年,《中共中央国务院关于加快推进生态文明建设的意见》的总体要求中提到要加大对自然生态系统和环境的保护力度,切实改善生态环境质量,坚持把培育生态文化作为重要支撑,加强生态文化的宣传教育[4]。党的十九大报告中多处提到生态文明建设,"十四个坚持"中指出坚持人与自然和谐共生的重要性,提出要提供更多优质生态产品以满足人民日益增长的对优美生态环境的需要[5]。在此背景下,城市动物园作为城市公园的一类,城市的重要基础设施之一,既是生态文明建设的重要载体,也是生态文明建设的成果展示[6]。2017年1月末,发生在浙江宁波的动物园老虎伤人事件,将动物园再次推到聚光灯下。在关于动物园的讨论中,安全性和伦理关系将在未来阶段成为另一项重点。因此,现阶段的城市动物园发展机遇与挑战并存,应努力把握发展契机,突出其自然属性与社会属性特征,体现其公益性质,并对公众履行其科普教育以及休闲服务的义务。

**2)生物多样性保护下的城市动物园建设新要求**

城市化的进程使得城市中适宜生物生存的面积逐渐减少,对生态环境造成了严重的破坏,这种不适宜生物生存的城市环境造成了城市生物多样性的快速减少[7]。在此背景下,城市动物园作为城市生物多样性保护的主要力量之一,一方面以其大面积的自然绿色景观为生态系统中的动植物资源提供保护场所;另一方面更以其独特的资源优势及技术优势,为濒危、珍稀物种的移地保护,优势种驯化提供保护和支持[8]。

1993年出版的《世界动物园保护策略》强调:动物园的任务是提高公众的保护意识,建立动物园的吸引力,使之受到公众的尊重,这对现代动物园能够成为一个集动物展示和保护教育为一体的场所提出了新的设计要求。目前国内对城市动物园提升设计的研究集中于某一单类场馆或仅仅从展示空间的提升进行探讨,尚未出现针对城市动物园整体性提升的研究,系统地介绍动物园提升设计等相关内容的研究较少。

## 1.1.2 时代背景

### 1)现代动物园使命下的城市动物园角色新转变

在社会不断进步的发展背景下,城市动物园所承担的角色任务发生了巨大改变。动物园从一开始作为动物收集场所到近现代成为一个向大众展示动物、使之了解动物的窗口,直到现代逐渐成为研究野生动物、研究自然生境的带有自然保护中心性质的场所[9]。2013年住建部颁布的《全国动物园发展纲要》提出我国动物园发展的总目标是："未来十年,中国动物园发展的总目标是实现由传统动物园向现代动物园的转变。"这一重要命题,既是中国经济社会发展的必然要求,也为中国动物园的发展带来了新的机遇和挑战。与传统动物园相比,现代动物园在场地生态化、园林化、观赏多样化、科普直观化等多个方面都发生了变化。在传统动物园"宣传""教育"的基础上,现代动物园更加重视通过"展示"向游客传达正确的知识,也将更多地通过工作人员对动物的态度来感染公众,体现对生命的尊重。与传统动物园的"科普"不同,现代动物园更加注重培养人与动物的"同理心",更加注重感动和感染公众。动物和我们人类一样有自己的家园,有自己的智慧、社群关系和基本生活需求。

**2) 都市旅游背景下的城市动物园旅游新热点**

保护教育是城市动物园的首要职能,除此之外,它也承担着为城市居民提供休闲活动场所的重要功能。与普通公园相比,动物园具备先天的资源优势。在都市旅游和短线旅游快速发展时期,城市动物园已经成为其中重要的组成部分[10]。到目前为止,全世界的动物园每年都会接待接近全球人口1/10的游客,其中以青少年游客为主。据统计,2017年国庆节北京动物园节假日首日客流量达5.7万人次以上,在北京市统计的13个重点景区中仅次于故宫的节假日首日客流量[11]。

旅游市场竞争激烈,一方面来自不同类型动物园之间的内部竞争,除传统城市动物园以外,更具自然生态风貌的野生动物园和海洋世界在近些年来发展迅速,分流了大量想要去认识动物、了解自然的客源;另一方面来自外部竞争,与城市动物园受众群体类似的主题公园游和在区位上相类似的城郊观光游,近些年对城市动物园的客流造成了一定的影响[12]。此外,相比于野生动物园,城市动物园尤其是早期建造的动物园,其游览环境、展出形式、动物生存环境都相对较差,游客参观体验感较差,回流量减少,市场压力增大。

## 1.2 国内外研究进展

### 1.2.1 国外研究进展

从动物园的发展史来看,各个国家和地区发展进程有所不同,全世界动物园的发展大致经历了动物收藏、笼养时代、现代动物园三个明显的阶段[13],动物展区的形式也从笼舍式向背景式、自然式、沉浸式改进。每一个阶段的发展都是不同时期动物园设计新理念与改革的体现,现代动物园时代的到来开启了新的动物园展示模式、观展模式、运营模式。

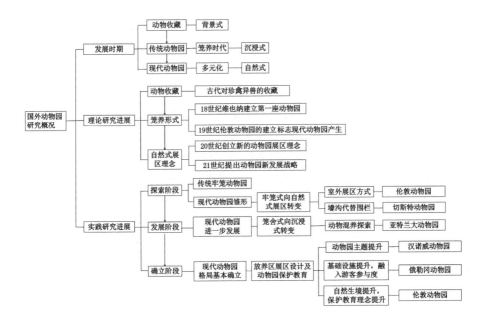

**图 1-3 国外研究进展**

图片来源:作者自绘

### 1) 理论研究进展

国外城市动物园的提升设计理论发展是从不断的实践探索中得出的,每一个新的展区设计理论、新的发展目标的提出都是对城市动物园提升设计理论的补充与发展。

动物园最初的雏形起源于古代国王、皇帝和王公贵族对珍禽异兽的收集嗜好,公元前 2500 年的埃及便有动物收藏的记录。自其产生以来,动物一直是上流社会贵族们的玩物。直到 1751 年,维也纳建立了第一座真正意义上具备现代动物园性质的动物园,随后各地纷纷将搜集来的动物进行展览。到了 18 世纪末期,革命带来了人民权利的觉醒,过去王公贵族私人圈养形成的动物园在保护协会与城市公园的共同管理协助下开始对外开放。

1828 年英国伦敦建立了人类历史上第一家现代动物园——伦敦动物园,它成为欧美国家后期建设动物园的范例,现代动物园自此产生。早期的动物收集、展示主要以笼养的形式进行。如表 1-1 所示,20 世纪初卡尔·哈根贝克从马戏团表演中探索出新的动物展示方式,提出了新的动物园展区理念——自然式展区理念，并首先将其运用在了大猩猩馆的建设中。他还提出在展区的周边建立壕沟进行隔离的设计理念，这种方式将动物展示与生境、物种种间关系联系起来，同时为动物提供了更加舒适的生活环境和更大的活动空间，改变了人们对动物园原本的印象。到60年代，黑尼·海泽尔在《动物园里的人和动物》一书中指出："判定一个动物园中的动物的生活标准，应以它们在自然界的生活为指导。"该书重点研究了动物园中小空间是否存在满足动物基本需求的可能性[14]，从生理、心理乃至社会学的角度提出了动物福利的概念和动物园动物最基本的福利要求。70年代，动物园的功能被重新定义，世界动物园与水族馆协会（WAZA）正式确定将公众教育与保护研究放置于休闲娱乐之上。与此同时，景观设计师乔恩·柯和格兰特·琼斯提出"沉浸式展区"的新概念[15]，通过将动物放置到完全自然化的环境中，给参观者以更深的浸入感，从而提升参观者兴趣并使其更好地了解动物，促进动物园科普教育的进行。这是在哈根贝克研究基础上的突破和创新。80年代，世界动物园与水族馆协会组织编撰了一本题为《动物园和水族馆的基础知识研究》的论文集，书中对动物园的设计、建设和管理的相关知识进行了详细的论述。这是对前期研究实践的一次全方位的总结[16]。90年代，世界动物园园长联盟（IUDZG）和圈养繁殖专家小组（CBSG）共同制定了面向21世纪的"动物园发展战略"，提出了动物园和水族馆的自然保护目标：支持濒危物种及其生态系统的自然保护工作；为有利于自然保护的科学研究提供技术支持；增强公众的自然保护意识。各地动物园积极开展对野生动物及其生境的保护，来减缓物种灭绝的速度。21世纪以来，在展示环境、动物福利、维护措施等多方面有了新的研究进展，2002年乔恩·查尔斯科在《动物园的福利设计》中具体地列举了动物园设计中能够提升动物生存福利的具体方法；2004年丹尼尔在《动物园的设计原理》中详细叙述了将动物作为设计主体的设计理论，并对动物展示问题进行了探讨[17-18]。尤其是其中的展区设计与发展目标的相关理论为城市动物园甚至是野生动物园、自然保护区等其他类型的动物保护场所的发展提供了参考意见。

表1-1　国外对动物园展区设计理论研究的情况

| 时间 | 提出者 | 理论名称 | 理论意义 |
| --- | --- | --- | --- |
| 20世纪初 | 卡尔·哈根贝克 | 自然式展区理念 | 是对原有笼舍式展示方式的进一步发展 |
| 20世纪70年代 | 乔恩·柯和格兰特·琼斯 | 沉浸式展区理念 | 是展示设计的又一次进步，将参观者带入实地环境 |

（续表）

| 时间 | 提出者 | 理论名称 | 理论意义 |
|------|--------|----------|----------|
| 20世纪90年代 | 世界动物园园长联盟和圈养繁殖专家小组 | 放养式展区理念 | 在生态环境中去保护动物和植物的物种多样性；是野生动物园和自然保护区产生的理论雏形 |

注：根据文献资料梳理绘制

表1-2 国外对动物园发展目标相关理论研究的情况

| 时间 | 提出者 | 动物园发展目标 |
|------|--------|----------------|
| 19世纪20年代 | 伦敦动物园机构 | 现代动物园产生，宗旨为：在人工饲养条件下研究动物，更好地了解其在野外的相关物种 |
| 20世纪70年代 | 动物园与水族馆协会 | 动物园被重新定义，确定将公众教育与保护研究放置于休闲娱乐之上 |
| 20世纪90年代 | 世界动物园园长联盟和圈养繁殖专家小组 | 提出"动物园发展战略" |

注：根据文献资料梳理绘制

21世纪的当今社会正是动物园全面发展的时期，相关的动物园理论也在不断地完善和总结之中。欧美国家在展区设计、丰容设计、设施设计、保护教育等多方面都具有比较完备的理论基础。在国外的理论研究中，现代动物园形成了以保护、教育、研究和娱乐为主要功能的理论研究体系，肩负着庇护濒临灭绝的野生动物、收集和记录动物相关资料、满足人们对自然和动物的了解和喜爱、为游人提供良好的游览环境等任务。

**2）实践研究进展**

国外城市动物园的提升设计实践进展与动物园展区发展史相关联，主要分为三个阶段：

第一阶段是从传统牢笼式动物园向现代动物园雏形迈进，提升重点在于由牢笼式向自然式展区的转变或兴建。19世纪20年代成立的第一家现代动物园——伦敦动物园，于20世纪初借鉴汉堡动物园的室外展区方式进行第一次动物笼舍改造以及展示区的重新布局；英国最大的动物园切斯特动物园于20世纪50年代受现代动物园中生态动物展示的影响，用壕沟代替铁围栏，在黑猩猩展区中用3.6米宽的水沟分割开动物活动区与游人参观区，创造出新型展示空间，使其成为该公园的特色之处，该形式是生态展区的雏形[19]。

第二阶段是现代动物园的进一步发展，提升重点在于由笼舍式向沉浸式展

**图 1-4　1837 年的伦敦动物园掠影**

图片来自网络 http://web.uua.cn/Discovery/show-185-1.html

区的转变或兴建。亚特兰大动物园于 1987 年进行提升,重点在于动物的混养探索,包括非洲野生疣猪、南非海岛猫鼬的融合展示区,同时着手总体规划设计以满足动物园扩张的需求,并在展览布局模式上进行提升[20]。

**图 1-5　亚特兰大动物园导览图**

图片来自网络 https://baike.baidu.com/item/%E4%BA%9A%E7%89%B9%E5%85%B0%E5%A4%A7%E5%8A%A8%E7%89%A9%E5%9B%AD/6118762? fr=aladdin

**图 1-6　伦敦动物园导览图**

图片来自网络 http://www.sohu.com/a/295319578_120056118

　　第三阶段是现代动物园格局的基本确立,提升重点在放养式展区的设计以及对动物园保护教育职能的着重规划。建于 1865 年的德国汉诺威动物园从 1999 年起历时五年将原有的动物园改造为全世界最具吸引力的主题动物园之一,是首批对动物园的主题进行提升的动物园[21]。俄勒冈动物园从 2006 年起对其非洲展区进行为期三年的展区提升,提升内容包括扩大动物展览和幕后护理设施范围,同时对游览路线进行合理的改变,并对基础设施进行现代化提升。该动物园利用调查问卷来测试各种潜在的解说信息和策略对访问者的影响,将游客的参与度融进动物园的设计中[22]。20 世纪末由于公众自然保护意识的觉醒以及财政问题,伦敦动物园重新对动物园存在的价值进行思考,并着手对动物园进行提升,包括笼舍内自然生境的提升、动物活动空间的拓展以及更为舒适的游览环境的布局,同时在 21 世纪以展区为单位,营造主题展区,丰富生态环境。这个时期的动物园在建设过程中更多地考虑保护教育理念的提升。

　　总而言之,在实践研究方面,动物园的发展不仅仅是园所数量的增加,更是质量的提升。动物园由物种多样性和生命适应性的橱窗,渐渐演化为动物栖息地和行为生物学的博物馆,最终成为生态系统与物种保存的资源中心。人们的关注开始由对物种饲养繁殖的重视演变为对物种管理的重视,最终落脚于对动物整体保护和组织网络的关注。

未来的动物园,将发展成为野生动物自然保护中心,对濒危物种及其生态系统进行加强保护,在广阔的生态环境中去保护动物和植物的物种多样性,为野生动物创造可持续繁衍的生存环境。

### 1.2.2　国内研究进展

国内研究包括理论研究和实践研究两个方面。

在理论研究方面,我国动物园理论研究经历了设施改造、展示提升、景观规划三个阶段,研究视角从以人为主体向兼顾人、动物与生态等多方利益转变,主题动物园提升与设计得到进一步发展,开始出现对动物福利和生态的探讨。

在实践研究方面,我国动物园建设自古有之,从古代奇珍异兽的饲养,到近现代动物园的出现、大规模建设,我国动物园建设经历了对国外动物园的效仿、对国外先进理论的学习的过程,渐渐构建了与国内城市发展相匹配的动物园建设模式,形成了以"北上广"为代表、其他一二线城市为支撑的城市动物园网络。

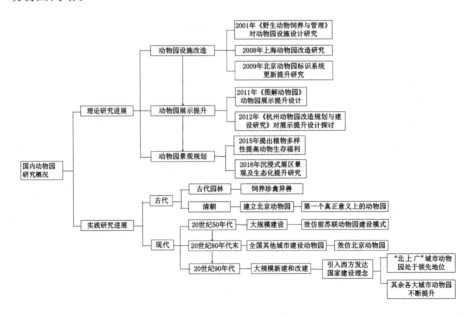

**图 1-7　国内研究进展**

图片来源：作者自绘

**1) 理论研究进展**

在我国,动物园行业没有正式地开展过相关总结和研究工作,动物园规划、设计工作主要是依靠建筑设计和园林设计单位完成。国内动物园的研究机构主要是动物园和动物园协会,主要的研究方法为从实践中归纳总结理论和经验,此类研究集中于某一场馆改造,研究对象集中于国内较为大型、建设较早的城市动物园。2001年,吕向东等人编著了《野生动物饲养与管理》,对动物园设施的设计进行了详细研究[23];2008年吕志华等人对上海动物园内由原竹园村餐厅改造而成的大猩猩馆进行研究,为我国场馆改造提供了借鉴[24];2009年赵靖等人对北京动物园标识系统的更新提升进行研究,以充分发挥标识系统的保护教育作用[25];2011年张恩权、李晓阳在其主编的《图解动物园设计》一书中以图画的形式列举了现有动物展示提升设计实例[26];2015年牟宁宁、康毅丹针对水禽湖的景观提升,提出通过丰富园区植物的多样性来提高圈养珍稀禽类生存福利的设计理论[27];2016年魏万亮等人对上海动物园环尾狐猴展区中沉浸式展示区的景观提升进行研究[28];同年崔雅芳对北京两栖爬行馆生态化提升进行研究[29]。

动物园在我国被相关行业分类纳入了城市公园绿地标准中,属于城市公园中专类公园的一种,以城市公园的角度研究动物园的提升设计也是重要的一部分。陆海根2012年在《杭州动物园改造规划与建设研究》中从城市公园角度出发,对城市动物园的包括地形、水体、园路、植物等在内的园林要素提升设计进行了探讨[30]。

**2) 实践研究进展**

我国动物园雏形可追溯至古代园林,古书对其中饲养珍禽异兽作为点缀多有记载。到清朝,慈禧太后建立了第一个真正意义上的动物园——北京动物园,供人前来猎奇。我国动物园的大规模建设开始于20世纪50年代,以北京动物园为先导,效仿苏联的动物园建设模式建成。随后,全国其他城市地区以北京动物园为效仿对象建设各自的动物园直到20世纪80年代末期。自20世纪90年代起,全国范围内的动物园出现了大规模的新建和改建,在这个过程中引入了一些西方发达国家的建设理念,出现了一些新的展出方式。

根据国家林业局2004年的统计数字,我国有动物园、野生动物园243个;据中国动物园协会统计,截至2006年中国动物园共有212个,分布涵盖所有省份。20世纪50年代为动物园建设的一个高峰时期,这个时期建立的动物园大约占总数的34%,60至70年代建立的动物园占总数的24%,90年代建立的动物园占总数的 21%，实际数据应该略高于统计数据[31]。其中绝大部分的动物园都是由政府出资建设的公益性单位。

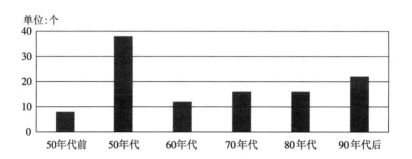

**图 1-8  动物园在 20 世纪不同年代建立的数量**

注：根据中国动物园协会统计数据改绘

我国城市动物园可分为全国性动物园、地区性动物园、特色性动物园和小型动物展区。其中，全国性动物园指北京、上海和广州三市的动物园，一般展出品种高达 700 种，用地面积在 60 公顷以上。地区性动物园指天津、哈尔滨、西安、成都、武汉等地的城市动物园，动物品种达 400 种，用地面积约 20～60 公顷。特色性动物园一般为省会城市的动物园，如长沙、杭州等地的动物园，主要展出本地野生特产动物。小型动物展区则是指中小型城市动物园和附属于综合公园的动物展区，一般有鸟类、灵长类展馆。

据不完全统计，大连、西安、太原已完成城市动物园向郊区的整体搬迁；北京、哈尔滨、南京、昆明、福州、成都等城市动物园正在搬迁或已完成搬迁；济南、武汉、成都、上海、深圳等城市近郊已建成野生动物园[32]。由于我国地区之间发展不均衡，城市动物园的提升进程也各不相同，总体来说发展程度与经济发展水平成正比，北京、上海、广州三个城市的动物园处于领先地位。国内大部分城市动物园，尤其是建园于 20 世纪 70 年代到 80 年代间的城市动物园现阶段正处于向优秀城市动物园靠近的重要提升过程中。

为更好地了解我国城市动物园的发展现状，笔者在查阅相关动物园发展情况的基础上，结合其发展历史、面积、区位位置以及所在的城市选择了 8 座城市动物园进行更为深入的分析研究，案例选择分布于中国北部、西部、中部、东部以及南部，分别为北京动物园、上海动物园、广州动物园、成都动物园、天津动物园、昆明动物园、杭州动物园以及兰州动物园，这些城市的动物园都是各个地区发展较好，具有代表性的案例。

表 1-3　国内部分城市动物园部分资料

| 动物园名称 | 建立时间 | 面积/公顷 | 动物种类 | 数量/只 | 建设背景 |
|---|---|---|---|---|---|
| 北京动物园 | 1955 | 90 | 500 | 5 000 余 | 1906 年建成之初为"农事试验场";<br>1949 年经过整修定名为西郊公园;<br>1955 正式改名为"北京动物园" |
| 上海动物园 | 1955 | 74 | 470 | 6 000 余 | 1916 年建成之初为高尔夫球场;<br>1954 年作为文化休闲公园对外开放;<br>1955 年作为动物园向外界开放 |
| 广州动物园 | 1958 | 42 | 450 | 4 500 余 | 选择新址规划建设 |
| 成都动物园 | 1953 | 17 | 300 | 3 000 余 | 选择新址规划建设 |
| 天津动物园 | 1975 | 53 | 200 | 3 000 余 | 选择新址规划建设 |
| 昆明动物园 | 1953 | 26 | 300 | 5 000 余 | 1927 年螺峰山改建为公园;<br>1953 年圆通山公园改建为动物园 |
| 杭州动物园 | 1958 | 20 | 200 | 2 000 余 | 选择新址规划建设 |
| 兰州动物园 | 1957 | 6.7 | 110 | 1 000 余 | 1962 年规划为五泉山公园的一部分;<br>1992 年从五泉山公园中分出 |

注:根据文献资料梳理绘制

　　我国的城市动物园一部分在建设时由各类公园绿地改建而来,并在逐步发展中进行扩建与提升。扩建一般存在于建设早期,动物园对物种的不断引进带来了对笼舍、场馆的需求。我国城市动物园第一次提升的热潮开始于 21 世纪初。表 1-4 为部分城市动物园的提升概况:

表 1-4　国内部分城市动物园提升概况

| 动物园名称 | 园区提升策略 | 运营管理提升措施 |
|---|---|---|
| 北京动物园 | 1950—1970 年提升重点在于动物馆舍建设,提出生态化的发展目标;<br>1970—1990 年开始展示空间提升;<br>1990—2004 年提升重点在于视觉隔离,减少人与动物的视觉屏障;<br>2004 年以后还原自然生态环境,融入"沉浸式"展示方式 | 参与创建行业标准,推动科研;<br>与文化单位合作开展主题活动;<br>创新开展科普剧等科普互动项目;<br>周末动物课堂免费向公众开放;<br>落实"京津冀"协同发展战略,打造保护教育品牌 |

| 动物园名称 | 园区提升策略 | 运营管理提升措施 |
|---|---|---|
| 上海动物园 | 场馆兴建至 1959 年初步形成综合性特征；<br>至 1994 年以展示生态化、游客视线无障碍和动物生活丰富化为提升指导思想的初步场馆新/改建完成；<br>2001 年启动自然无视线障碍改建 | 科普活动场所不受限制；<br>活动不断翻陈出新,内容丰富；<br>与社团、教育机构等各方面合作 |
| 广州动物园 | 1980 年前开始展示场馆的简单改善；<br>1980—1990 年萌发生态化意识；<br>2000 年起开始规划生态化展示体系 | 借虚拟现实技术实现 VR 动物园；<br>动物园首创互动科普教育场所 |
| 成都动物园 | 1976 年将动物园搬迁至现址；<br>2000 年后逐步兴建展馆 | 建设科普馆；<br>长期与学校合作开展保护教育 |
| 天津动物园 | 2004 年开展 30 年来最大规模的环境改造；<br>2016 年在原有基础上对馆舍、基础设施进行提升 | 积极开展动物科普与保护活动 |
| 昆明动物园 | 20 世纪 90 年代前建立的展区以牢笼式为主；<br>20 世纪 90 年代初建立部分拟生态化展区 | 开展科普进校园活动；<br>联合昆明市非物质文化遗产保护中心开展文化传承与科普结合活动 |
| 杭州动物园 | 1975 年迁至新址；<br>2000 年起开展大规模改建 | 教育活动"动""静"有序契合；<br>开展科技周等活动 |
| 兰州动物园 | 1972—1982 年对动物园进行全面提升,兴建动物馆舍引进动物；<br>2020 年实现新址搬迁 | 积极开展动物科普与保护活动 |

注：根据文献资料梳理绘制

### 1.2.3 对比与启示

与国外的城市动物园相比,我国城市动物园的发展历史很短,我国的绝大多数城市动物园都处于从传统动物园向现代动物园转型的阶段。从城市动物园现有的建设水平来看,城市动物园趋于向生态学和动物学融合的生态展示体系发展。因此,借鉴国际上知名城市动物园规划与建设的经验,对我国城市动物园的提升设计具有重大意义。从传统动物园向现代动物园的转变已经成为我国城市动物园建设的重要命题,是中国经济社会发展的必然要求。

## 1) 发展现状的困境在何处

从动物园研究理论层面来说,人们在日常生活中很难自发地去了解城市动物园设计相关内容,而进一步研究城市动物园提升设计相关内容能够促进城市动物园的发展,使其能够顺应时代潮流,全面地发挥出其在现代社会的功能。由此可见,对城市动物园提升设计相关理论的研究应该引起学者的足够重视。

实践层面,城市动物园起始于 18 世纪,经过近 300 年的发展现如今已经遍布世界各个城市。经历时代演变,城市动物园已经从简单的动物圈养、展示场所逐渐转变为保护教育场所。在这样的背景下,城市动物园发展主要面临两方面困境。一方面,我国城市动物园的发展受到城市建设用地紧张的影响,普遍面临发展空间受限的困境,物种的引进与动物的繁衍导致园内空间变得拥挤,城市动物园的功能与城市化的进行产生了矛盾。由于园区空间的局促和园区规划不够合理,许多动物的生存条件难以得到保障。另一方面,随着人们对自然、动物的了解不断深入,对环境保护以及可持续发展理念的认知不断加强,原有城市动物园已不能满足人们的需求,新建设的城市动物园尚未及时更新,建成较早的城市动物园也在展区丰容、园内植物以及保护教育方面存在一定欠缺之处,需要在未来的提升改造中加以解决。

## 2) 解决困境的关键因素

目前我国城市动物园的研究与国外特别是欧美发达国家相比还处于初级水平。国内学者应当在前人的成果上,研究真正适宜我国国情的动物园提升发展策略,同时要挖掘和培养专业人才,把握市场特征,提高城市动物园建设质量与服务水平。目前国内城市动物园的发展现状受到了多方面因素的影响,20 世纪 50 至 60 年代受"苏联模式"影响,兽舍按照动物分类排列,野生动物依次排列其中,以牢笼式样的"水泥屋"为主要展出形式,是一种典型的"集邮册"式展出方式。部分城市动物园在外出考察的基础上对城市动物园进行了一定的基础提升,这样的提升在一定程度上改善了游览环境,但缺乏对动物福利的考虑,提升的重点往往集中在展示部分,而对整个园区的公共设施以及保护教育体系缺乏应有的重视。我国的动物园发展史相较于世界来说还是过于短暂,动物园的提升也只能逐步进行,进步得快慢一部分受经济投入量的影响,更大的一部分需要管理者以及设计者的思想观念的转变,只有认识到现状的不足,确定改进的方向才能制定出有效的设计方案。

## 3) 走出困境的方向和意义

动物园作为城市公园中专类公园的一种,其提升设计所需要的专业知识和实践操作与其他类型的城市公园不同,更具有专业性及多学科融合性的特点。

城市动物园提升设计是一个不断变化和发展的问题,也是一个与时俱进的问题。提升的迫切性和必要性决定了城市动物园提升设计的理论和实践意义,相比于搬迁或不搬迁,转型或不转型,了解一座动物园的价值更加重要。

## 1.3 研究目的与意义

### 1.3.1 研究目的

现代动物园能起到保护动物的作用,能提升公众保护野生动植物的认知,并使其意识到自身生活方式与生态系统之间的关联性。本项研究正是以动物友好、人与自然和谐的理念为指导,从动物福利、游客体验、价值提升三个方面提出对城市动物园的更新设计方法。

**1) 为动物提供更和谐的家园**

我国在新建、改建动物园的过程中学习了西方发达国家尤其是欧美国家的先进理念,在相应的实践建设层面有了不同的突破,出现了一些新的展出模式,但没有从根本上突破原有建设模式的束缚,也缺少对保护教育功能的着重提升。从动物园自身来说,其中心任务正随着社会文明的进步而不断地在改变,我们正是缺少了对这种改变的认识而在相应的提升设计中缺乏了相应表现。本项研究以野生动物为核心,旨在通过一定的设计手法改善和提升动物的生存环境,提升动物福利。

**2) 为游客提供更舒适的游园体验**

更好地发挥出城市动物园在社会中的作用,完成其中心使命,是每一个参与动物园设计和管理的人员应该做出的贡献。动物园设计和管理人员应根据时间线索,统一梳理城市动物园的发展情况,总结和借鉴国内外动物园设计以及提升设计中的优秀实例,分析我国城市动物园软硬设施提升面临的问题并提出相应问题的解决对策。作为专类公园,城市动物园的更新设计方法应区别于其他公园,完善以人为本的公共设施、公园布局,提升游客游园的便捷度和舒适度,并在实际项目中加以应用、调查、总结及反馈。

**3) 引导人与动物乃至人与自然关系的重塑**

尊崇自然、绿色发展的生态体系是实现人与自然命运共同体的基础。随着可持续发展理念深入人心,人对待动物的观念和行为方式从以人类的需求为出发点向尊重动物、关心动物福利的动物友好理念转变。

通过对园区环境重点场地和景观环境的调整优化,突出展示动物生活场景,提升游客的游览体验,增加人与动物的互动和参与感。以规划设计视角主动树立正确鲜明的价值导向,从而建立更加全面的生态保护意识,为我国现代动物园的建设提供了实践基础和指导方向。

### 1.3.2 研究意义

#### 1) 理论意义

(1)研究体系的建立——为城市动物园建设提供独立的更新设计方法

动物园作为专类公园的一种,其更新改造与其他类型的城市公园相比更具有专业性,所需要的技术支持也不同。区别于传统公园的提升设计,动物园提升设计既包括对园区内一系列园林要素的提升,也包括动物展区的提升设计。在城市公园提升设计理论基础上对城市动物园提升设计理论的研究具有重要意义。

(2)研究体系的健全——为城市动物园从整体到要素到专项提供全面的规划理论

我国现阶段对城市动物园提升设计理论的研究还处于比较片面的阶段,大部分研究都集中在对展区的改造上。此次研究以理论基础为支撑,通过对实地案例的调研分析,深入分析我国城市动物园的发展现状,研究其提升设计原理以及方法,并以此为契机从规划设计、运营管理多方位进行综合性、系统性的提升设计,以期能够提出更加适宜我国城市动物园的提升设计方法,解决现阶段所面临的多种问题以及挑战。

(3)研究体系的扩展——为相关法律法规、标准规范的制定及完善提供借鉴

深入分析城市动物园提升设计发展现状,运用多种方法研究提升设计相关内容,解决现阶段所面临的城市动物园建设的多种问题以及挑战,需要一定的法律法规约束和保障体系支撑。丰富相关的理论研究内容可以填补我国动物园环境建设研究的法规空白,能够为后续实践项目提供更好的理论支撑。

#### 2) 实践意义

(1)建设体系的理念更新——为城市动物园改造建设提供参考指引

城市动物园提升设计是一个不断变化和发展的问题,也是一个与时俱进的问题。未来动物园规划设计实践将与理论研究同步,结合生态文明建设、可持续发展等理念,加速迈入新的阶段。反之,各项目更新改造也推动着城市动物园的发展,使其向生态学和动物学融合的生态展示体系发展这一目标迈进,从而在现代社会高效发挥其功能。

（2）建设体系的思路转变——动物生活与游客行为的专业化管理

城市动物园作为专类公园的一种，动物的"展"和人的"观"是相互作用和影响的。因此动物园提升设计正是顺应了新时代背景下的城市动物园角色转变，为游人提供了与自然和动物和谐相处的机会，为操作管理的更专业化提供可能，为实现动物福利、减少动物刻板行为提供机会，更为建设园林城市的生物多样性带来发展契机。在此提升设计基础上的城市动物园以其独特的地理位置和保护教育功能更能在短途旅游和野生动物园的挑战中获得生机。

（3）建设体系的成果实操——将整套理论体系应用至更新改造

以国内极具代表性的城市动物园改造项目为例，充分利用场地现有资源，在从前期规划到设计施工再到后期管养的动物园更新全流程中实践本项研究理论成果，发挥理论成果的有益影响，补充理论成果未涵盖到的规划设计细节。实践与理论在相互的影响下补充调整，使城市动物园更新改造工作日趋完善。

# 1.4　研究方法

针对本项研究，首先，利用文献研究法分析总结国内外动物园提升设计相关成果，借鉴国外研究的先进经验，明确我国今后的研究趋势；其次，采用实地调研法获取研究案例现场资料，总结动物园改造共性问题和针对性问题；然后，运用问题导向法和多学科融合法为动物园更新设计聚焦点和问题解决路径制定逻辑框架；最后，结合实证研究法补充验证上述理论方法的可行性和普适性。

## 1）文献研究法

本研究运用文献研究法搜集和整理城市动物园规划建设相关研究资料以及理论基础，总结国内外理论及研究进展；深入了解和分析动物园提升设计的相关发展情况，结合已经出台的动物园建设标准对现存问题进行总结，并对未来发展做出合理预测；明确学科发展动态与城市动物园规划提升趋势，为本项研究提供实质性参考和依据。

## 2）实地调研法

实地调研法以具有代表意义的不同类型动物园更新改造案例为调研对象，对北京动物园、上海动物园、南京红山森林动物园、苏州上方山森林动物世界以及笔者全程参与规划设计建设的山东省临沂动植物园进行实地调研，借助测量工具及摄像器材记录现场情况，形成详细的实地资料。

同时,与企业主要负责人及员工进行访谈交流,并结合我国的城市动物园特点和发展现状,提炼出目前制约其发展的原因和影响因素,寻求问题和影响因素存在的共同性,从个别到共性,有针对性地提出发展策略。

### 3) 多学科融合法

风景园林是一门多元、综合的学科,在研究过程中,在城市动物园的提升设计中,除了需要与本学科相关的专业知识以外,还需要对动物学、环境心理学、美学、市场营销学、旅游经济学、管理学等相关理论进行一定的研究,通过学习和阅读大量的相关资料对研究课题进行深入探讨。此外还需要在规划设计阶段与各大部门进行信息交流。

### 4) 综合归纳法

综合归纳法指采用理论研究和实证研究相结合的方法,遵循由理论到实践再到理论的次序进行研究,力求使研究具有现实针对性和实际意义,最终归纳出适宜我国城市动物园提升设计的相关结论。

### 5) 实证研究法

本研究根据城市动物园提升改造理论层面的指导,从现状分析、提升思路、布局结构、功能分区、园林要素及专项设计层面,采用实证研究法进行详细论证,完善城市动物园更新设计方法体系。

### 6) 定性分析法

定性分析法主要应用于城市动物园更新设计方法研究过程,通过整合国内外动物园提升改造案例的信息资料和既往研究经验,搭建本课题的研究基础,为后期临沂动植物园更新设计提供基本前提和理论支撑。

城市动物园更新设计方法的研究依据法律法规和规划原则,从城市动物园设立目的、提升改造规划目标等方面入手,从动物园布局结构、功能分区、各类要素等工作出发,通过定性分析构建具备系统性和完整性的更新设计方法体系,并对该体系的合理性和有效性进行讨论与判断。

## 1.5 本章小结

本章首先讨论的是,从我国现有的城市动物园提升设计的时代背景与政策背景出发,我国城市动物园的发展有着生态文明建设背景下的发展新契机,生物多样性保护下的建设新要求,面临着现代动物园使命下的角色新转变,城市动物园正逐渐成为都市旅游背景下的旅游新热点。明确了我国城市动物园提升的背景,得出在当前城市发展的背景下,城市动物园具有不可估量的群众需求和发展前景,但我国对城市动物园提升设计的理论和实践研究还处于初级阶段。

基于此背景,本项研究从现有的城市动物园建设成果入手,梳理了国内外城市动物园典型案例及提升改造案例,包括理论研究进展以及实践研究进展。通过对国内外资料的解读与研究,比较我国与国外先进国家之间的差距,并从规划设计角度对其建设水准与运营现状做出评判,对比过后取其优势总结并学习,明确了我国的城市动物园发展现状的困境究竟在何处,解决困境的关键因素在哪儿以及走出困境的意义为何。我国对城市动物园的提升设计研究还处于缺乏系统研究方法的状态,我国市场在该方面还有着很大的提升空间和发展潜力。因此,本章研究目的与意义部分着重探讨了我国城市动物园提升设计的趋势,通过对城市动物园的更新设计为动物提供更和谐的家园、为游客提供更舒适的游园体验并引导人与动物乃至人与自然关系的重塑,使城市动物园研究体系得以建立、健全并得到扩展。

本章在全书内容基本明确的情况下,制定了合理的研究框架,并引用文献研究法、实地调研法、多学科融合法、综合归纳法、实证研究法、定性分析法等研究方法,为后续研究做好充分的准备工作,明确了研究方向。

## 参考文献

[1] 鲁敏,李东和,刘大亮,等. 风景园林绿地规划设计方法[M]. 北京:化学工业出版社,2017:177.

[2] 张恩权. 动物园设计[M]. 北京:中国建筑工业出版社,2011:22.

[3] 李婳. 十八大以来我国生态文明建设进展和理论思考[D]. 山西:太原理工大学,2016.

[4] 国务院新闻办公室. 中共中央国务院关于加快推进生态文明建设的意见[EB/OL]. (2015-05-05)[2018-01-03]. www. scio. gov. cn/xwfbh/xwbfbh/yg/2/Document/1436286/1436286. htm.

[5] 张应杭. 十九大报告关于生态文明建设的三个创新[J]. 人民论坛,2017(31):27.

[6] 张育新. 基于生态文明的城市公园建设与管理的探讨[C]//北京市园林绿化局,北京市公园管理中心,北京园林学会. 2013北京城市园林绿化与生态文明建设. 北京:科学技术出版社,2013:5.

[7] 陈进勇,朱王莹. 城市公园的生物多样性保护和利用[C]// 国家住房和城乡建设部. 第九届中国国际园林博览会论文汇编.2013:7.

[8] 江天远,沈莉颖,姚朋. 生物多样性保护与城市绿地建设[J]. 西北林学院学报,2008,23(03):217-219,228.

[9] 李贝. 城市动物园在场馆生态化改造中的一点思考[J]. 畜牧兽医科技信息,2014(10):4-6.

[10] 刘思敏. 论我国城市动物园的出路选择[J]. 旅游学刊,2004(05):19-24.

[11] 国家旅游局. 2017年国庆中秋北京假日旅游客流人数情况[EB/OL]. (2017-10-09). http://bj.bendibao.com/news/2017109/245127.shtm.

[12] 周璐. 城市动物园生态展示区设计初探[D]. 北京:北京林业大学,2009.

[13] 王凯. 动物园观展设计的研究[D]. 哈尔滨:东北林业大学,2006.

[14] 巴拉泰,菲吉耶. 动物园的历史[M]. 乔江涛,译. 北京:中信出版社,2006.

[15] 叶枫. 动物园发展及其规划设计[D]. 北京:北京林业大学,2007.

[16] Karen S. Zoological park and aquarium fundamentals[J]. West Virginia: American association of zoological park and aquariums,1982.

[17] Jeffrey H, Michel C. Jungles of Eden: The design of Amercian Zoos[J]. Environmentalism in Landscape Architecture,2000,22:23-44.

[18] Coe, Charles J. Steering the art toward Eden: design for animal well-being[J]. Journal of the American Veterinary Medical Association,2003,223(3):977-980.

[19] Wikipedia. Chester Zoo[EB/OL]. http://en.wikipedia.org/wiki/List_of_zoos,2018-01-18.

[20] Wikipedia. Atlanta Zoo[EB/OL]. http://en.wikipedia.org/wiki/List_of_zoos,2018-01-18.

[21] Dirk Petzold. Zoo Hannover[EB/OL]. http://www.dirk-petzold.de/zoo_html.2009-04-10.

[22] Brent Shelby. Predators of the Serengeti: Cheetahs[EB/OL]. http://www.zoolex.org/zoolexcgi/view.py? id=1606,2018-01-20.

[23] 吕向东,赵云华,吕慧. 野生动物饲养与管理[M]. 北京:中国林业出版社,2001.

[24] 吕志华,袁贵明. 上海动物园大猩猩馆规划设计[J]. 中国园林,2008(01):62-66.

[25] 赵靖,肖方,王保强. 北京动物园导视牌示系统研究[J]. 中国园林,2009,25(09):86-90.

[26] 张恩权,李晓阳. 图解动物园设计[M]. 北京:中国工业出版社,2015.

[27] 牟宁宁,康毅丹. 北京动物园水禽湖生态景观改造[J]. 绿色科技,2015(10):107-109.

[28] 魏万亮,汪结明,何翔宇. 上海市动物园环尾狐猴展区(绿地)景观提升[J]. 广东园林,2016,38(4):62-64.

[29] 崔雅芳. 两栖爬行动物馆环境设计:以北京动物园两栖爬行馆改造项目为例[J]. 风景园林,2016(09):16-22.

[30] 陆海根.杭州动物园改造规划与建设研究[D].杭州:浙江大学,2012.

[31] 中国动物园协会.会员单位基本情况[EB/OL]. http://www.cazg.org.cn/content/Content.aspx? Id=218&pageno=0&MainId=10.2018-01-28.

[32] 李贝.城市动物园在场馆生态化改造中的一点思考[J].畜牧兽医科技信息,2014,(10):4-6.

# 第二章

# 城市动物园更新设计概述及案例选调

　　本章详细梳理了动物园、城市动物园及公园提升设计的相关概念及理论基础。首先从动物园的概念入手，详细阐述了动物园的分类，并由此引出城市动物园的概念；其次详细阐述了城市动物园提升设计的概念与类型，然后通过对北京动物园、上海动物园、南京红山森林动物园、苏州上方山森林动物世界四个城市动物园的调查研究，帮助人们更进一步地了解城市动物园；最后总结我国城市动物园的发展现状以及存在的问题。

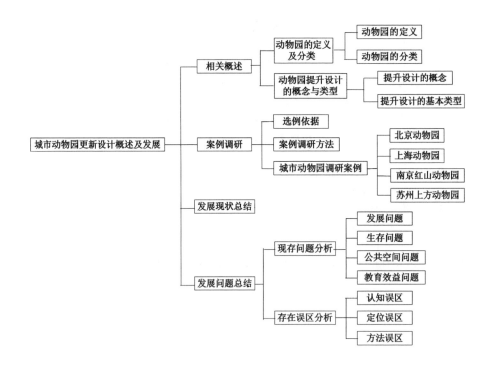

图 2-1　第二章研究框架

图片来源：作者自绘

## 2.1 相关概述

### 2.1.1 动物园的定义及分类

#### 1) 动物园的定义

我国 2017 年 2 月发布的《动物园设计规范 CJJ 267—2017》将动物园定义为"饲养、展示、繁育、保护野生动物,为公众提供科普教育和休闲游览服务的场所"。《城市绿地分类标准 CJJ/T 85—2002》对动物园的定义为"在人工饲养条件下,移地保护野生动物,供观赏、普及科学知识,进行科学研究和动物繁育,并具有良好设施的绿地",它属于城市公园类型中的专类公园。

世界各个区域对动物园的定位也有所不同。在欧洲,动物园的定位等同于博物馆和美术馆,是非常重要的文化设施,大多数动物园采用体系化的方式进行动物搜集与展示。博物馆是凝固化的动物园,而动物园则是人工化的自然,是更加具备活力的博物馆[1]。在英国,动物园的核心作用在于科学研究,伦敦建立了首家动物学会——伦敦动物学会,并筹建了用于科学研究的动物园,对动物行为、智力、社群关系和驯化进行长期钻研[2]。在美国,动物园更侧重其在教育活动中的角色,通过教育活动扩展对动物知识及保护自然重要性的宣传,物种的繁衍饲养也是其重要的功能之一[3]。世界动物园与水族馆协会在《为野生动物创建未来——世界动物园与水族馆保护策略》中将动物园的社会职能定义为"综合保护和保护教育"。在此文件的引导下,世界各地的动物园渐渐开始调整职能,最终演化为如今普遍存在的"休闲娱乐、动物保护、科普教育、科学研究"这四大功能。

#### 2) 动物园的分类

根据动物园的位置、规模、展出的形式动物园分为四种类型,包括城市动物园、专类动物园、自然动物园[4]、野生动物园。

(1) 城市动物园

此类动物园一般位于大城市的近郊区,建设用地范围大于 20 公顷,性质为综合性、公益性。其展出的动物种类较为丰富,展出形式比较集中,以人工笼舍建筑结合动物室外运动场为主[5],比如北京动物园、上海动物园、广州动物园、纽约动物园以及伦敦动物园。

城市动物园可分为全国性动物园、地区性动物园、特色型动物园和小型动物展区。北京、上海、广州三市的动物园因其动物品种多、面积大,成为全国性动物园的代表；天津、哈尔滨、西安、成都、武汉等城市的动物园属于地区性动物园；长沙、杭州等地的动物园因其具有丰富的本地野生特产动物，属于特色型动物园；小型动物展区则往往附设在综合型公园中，如南京玄武湖菱洲动物园。

城市动物园一开始多建于城市郊区，但随着城市化进程的不断推进，城市市中心不断外移，现阶段有很多城市动物园已经处于市中心位置。城市动物园是本书的主要研究对象。

（2）专类动物园

此类动物园多位于城市的近郊区，用地面积较小，一般在 5 公顷到 20 公顷之间。多数以展示具有地区特色或某一种类型特点的动物为主，如以展示鸟类为主的北京百鸟园，以展示两栖爬行类动物为主的泰国鳄鱼潭公园，以展示鱼类为主的上海水族馆等。此类动物园对一种类别动物的分化，有利于对其的研究和繁殖，值得推广。

（3）自然动物园

此类动物园多位于自然环境优美、野生动物资源丰富的森林、风景区以及自然保护区。在自然动物园中动物能够以自然的状态进行生存，而游人也可以以自然的状态观赏动物。非洲、美洲、欧洲等许多国家的自然动物园，都以观赏野生动物为主要游览内容。

（4）野生动物园

此类动物园多位于城市远郊区，用地面积较大，一般有上百公顷。野生动物园往往模拟动物在自然界中的真实生存环境，采用散养的方式，赋予动物园以真实的自然之感。游人不仅可以欣赏到野生动物，还能够观赏园内与动物栖息地相仿的优美环境。此类动物园在世界上受到较高的评价，我国已有 30 个以上，如上海野生动物园、深圳野生动物园等。

### 2.1.2 提升设计的概念与类型

本章对提升设计的概念进行梳理，提出对动物园进行提升设计的必要性、动物园提升设计的特殊性以及提升设计的基本类型，详细阐述为何城市动物园需要提升设计，并为后续提升设计方式的探究提供理论基础。

#### 1）提升设计的概念

城市有着自身固有的生命周期，公园场地作为城市的有机组成部分，同样符合产生、发展、繁荣、衰败的历史规律。我国传统公园由于建造年代久远，逐渐出现设施陈旧、模式单一、景观风貌残缺等问题，难以满足现代社会的使用与审美需求,公园的功能与城市的发展渐渐脱节。为提高整体环境水平,使往日的公园场地重新焕发活力,人们需要遵循城市的发展周期,对公园场地的结构、功能、要素进行提升设计,以引导其与时代共同发展,更好地满足城市居民的实际需求。

公园的提升设计是通过对公园场地的勘测,理解其设计意图,分析并总结其现状及问题,在尊重公园发展历史的基础上,对其进行新的规划设计,完善公园功能内容,提升公园品质。以公园原有自然条件、人文环境、使用人群为依据,重塑城市公园[6]。近年来,诸多专家学者在城市公园提升改造方面展开了实践,并以此为基础进行理论研究,提出了城市公园的更新原则和提升改造设计方法,利用现代设计理念与新的设计技术,将景观、生态、经济、文化、人文等要素融入公园改造之中。

与普通公园的提升不同的是,动物园这一类肩负着科普教育重任,同时又承担着高出其他普通公园的经济压力的专类园,更要注重其综合效益的提升。综合效益包括生态效益、经济效益与社会效益。动物园的提升设计一方面要充分考虑动物园中原有景观空间、景观构成要素以及使用者行为习惯等;另一方面更要关注其综合效益的提升,以生态效益为前提,经济效益为基础,社会效益为目的,更好地发挥城市动物园在城市、生态、教育中的意义。

**2)提升设计的基本类型**

城市动物园的提升是一个连续长期的过程,为了保证动物的基本生存需求以及动物园对外展示的要求,提升设计要避免大规模的拆迁与兴建,具有多样性和复杂性的特点,其包含的内容非常广泛。提升设计的基本类型主要包括整体提升、局部整治以及保护恢复三大类[7-8]。

(1)整体提升

全园整体提升是以开拓空间、对动物园进行内容更新或删减为目的的提升设计方式。该方式是基于对原场地调研基础上的范围较大的提升,包括扩建、全园改造在内的一系列提升措施,以期在充分利用动物园原有景观要素的基础上,改善原有的动物园结构、整体素质、物理环境,让动物园能够重新焕发活力,做到新旧共生、有机共存。

(2)局部整治

局部整治是基于对公园现状和访客情况的充分了解,针对问题进行局部分析从而进行相应的提升设计,一般多为具体的景点和景区的整治。该方式主要针对的是问题比较严重、矛盾较为突出的地段,由于规模小、见效快,常应用于城市动物园的提升改造。

（3）保护恢复

保护恢复的目的在于对具有保存价值的现状进行维护，多运用于历史保护型的城市公园中，着重挖掘公园本身的文化内涵，对历史遗存、文物古迹等重要场所进行保护性开发，在内容方面基本不做更新。该方式不仅有利于公园历史文化、人文资源和生态价值的充分利用与延续，还能够较好地构建公园特色，打造独一无二的公园景观[9]。

在城市动物园的提升改造中，问题往往具有多样性和复杂性，因而不能拘泥于某一单类的提升方法，而要注重多种方法的灵活运用，以期提升设计后的动物园能够臻于完美。

## 2.2 案例调研

### 2.2.1 选例依据

第一章已对我国城市动物园的提升设计做过简要介绍，目前由于我国各个地区建设动物园的时期跨度较大，经济发展水平不同，现阶段动物园的建设成果也各有特点。因此在选择案例时，本研究有所侧重地选择了具有代表性的城市动物园进行调研。

北京、上海是中国的政治、经济中心，其动物资源、建设资源、文化交流资源以及客源都具有优越性和典型性，且具备动物园提升设计的必要性。江苏地区作为长三角城市群中经济最为繁荣、文化最为昌盛的区域，其自然环境、动物资源丰富，动物园建设及提升设计有较高的研究价值。

经过初步的学习研究后，本研究选择了全国范围内最具代表性、最具特色的四个动物园进行调研，分别是北京动物园、上海动物园、南京红山森林动物园和苏州上方山森林动物世界。其中北京动物园是北方动物园，对临沂动植物园具有植物配置等季节性变化借鉴意义。北京动物园和上海动物园是我国第一大和第二大的城市动物园，都是于 20 世纪 50 年代建立的现代动物园，是我国第一批建立的城市动物园，至今已有近 70 年的建设历史，并且在此过程中，具有多次不同层面的提升实践，现在已经以其独特的优势成为我国发展最好、最完善的两所城市动物园。南京红山森林动物园建于 1998 年，具备独特的森林景观和动物特色，集笼养与放养于一园。苏州上方山森林动物世界由原苏州动物园搬迁扩建而成，内部设施较新，集合了最先进的动物园造园手法，并具备典型的特色养殖模式和绿化景观，是较为出色的动物园提升设计案例。

### 2.2.2　案例调研方法

通过查阅相关的文献资料制定合理调研方案,案例研究主要通过四部分内容完成。

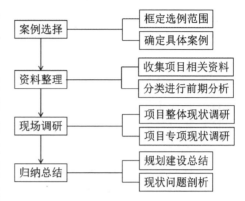

首先,对案例进行选择,在我国发展较早、提升较完善的城市动物园中选择具有代表性的城市动物园。其次,确立调研对象之后,对其基本信息进行收集,包括案例所在的区位位置、项目面积、建设年份及提升设计历史以及周边区位环境的相关信息,收集相关问题,为现场调研做准备。通过现场调查与

**图 2-2　案例研究路线图**
图片来源:作者自绘

员工访谈相结合的方式开展现场调研,调研内容包括规划设计、运营管理等。最后,对调研以及收集的资料进行统一的整理归纳,并对平面、分区、景观要素进行详细的分析,总结经验。

### 2.2.3　城市动物园调研案例

#### 1)北京动物园

(1)项目概况

北京动物园位于北京市西城区西直门外大街,东邻北京展览馆和莫斯科餐厅,占地面积约 90 公顷,水面面积约 8.6 公顷,兽舍及运动场面积约 46.7 公顷,公共绿地面积约 34.3 公顷,始建于 1906 年,饲养展览动物 500 余种 5 000 多只,每年接待中外游客 600 多万人次,是中国建设最早也是最大的动物园。

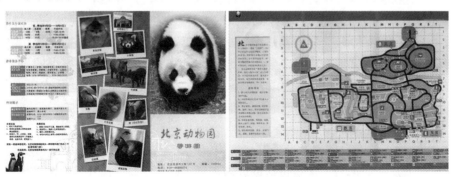

**图 2-3　北京动物园导览图**
图片来源:作者自摄

（2）提升背景

北京动物园作为中国动物园的代表，其提升大致可分为三个阶段。第一阶段是新中国成立初期，北京市政府接管了当时名为"北平市农林实验所"的北京动物园后，将其更名为"北平市农林实验场"，后又将其定名为"西郊公园"。在功能布局、建筑材料及配件、配套设备设施上对饱经历史、陈旧不堪的动物园进行改善，并对牢笼式展区进行简单的丰容设计，主要是为了提高其安全性能以及改善其使用功能，初步利用现代方式对其进行管理。1955年4月1日，西郊公园正式改名为"北京动物园"。

第二阶段是从20世纪70年代末开始的，北京动物园通过国外动物接收、野生动物收集等方式迅速增加动物种类和数量，并落实"科学技术是第一生产力"这一精神，大规模新建改建动物馆舍；开始接触到国际上一些新的动物园理念，确立了动物园科研、科普、移地保护和观赏娱乐四大功能。

第三阶段是2003年以后，保护和教育开始成为北京动物园的主要功能和一次全新定位。北京动物园不仅追求对动物的保护，也追求对自然的保护，依靠公众教育实现保护目的[10]。

**图2-4  北京动物园提升发展时间轴**

图片来源：作者自绘

（3）现状分析

① 整体定位

本次调研以北京动物园2003年提升以后的建设成果为调研对象。北京动物园在此次提升设计中，融入了最新的动物园场馆建设手法，并注重植物、水系、道路、桥梁的配置，使动物的展示与植物环境的和谐融为一体。北京动物园秉承"教育保护并举，安全服务并重"的整体定位，集科学研究、保护教育、文化交流、知识传播、文物荟萃等多种功能于一体，围绕北京建设世界城市的目标，努力将自身打造成为面向国内游客展示首都风采，面向国外游客展示中国形象的北京名片。

② 理念与特色

北京动物园展馆的提升设计以2000年为分界线，2000年前动物主要的展出形式以牢笼式为主，提升主要包括以玻璃幕墙代替具有监狱视觉感的铁栏杆，在笼舍内进行简单的绿色涂鸦，并增加以树枝为主料的活动类丰容措施。展区内游客主要参观道路之间没有缓冲和回路,类似于集市的摊位布局。这种情况仍然将动物全部暴露在游客参观视线中,游客的视觉体验也无法得到保证。

如今的北京动物园在沉浸式游览理念的影响下,不仅在建筑规模上实现了突破,还将提升阶段的重点从笼舍的改造过渡到了观念上的转变,通过科学的手段创造出人与动物和谐的氛围。北京动物园对狮虎山、熊岛、两栖爬行馆等几个主要馆舍进行了提升设计,主要特色在于动物生境的改进,游客在游览时尽可能减少对动物的影响,还原动物自然的栖息地。提升范围也从笼舍逐渐扩展到了游客活动区域、公共空间以及服务设施等多个方面。尤其是园内的绿化造景,随处可见山石古建、廊桥亭榭,成为城市绿地的典范[11]。

③ 布局结构

北京动物园主要以动物种类为游览线路的规划标准,动物展区部分以河道为界分为三个分区:东区、西区以及北区。东区容纳了大熊猫、狮、虎、熊等较为大型的动物,并且根据地理位置分布划入了澳洲动物区、美洲动物区;西区以灵长类动物、鸟禽类和两栖爬行类动物为主,并将非洲动物区以及儿童动物园、科普馆等特色场馆归入了西区;北区以北京海洋馆为中心,并将鹰馆、象馆、犀牛河马馆此类占地较大的场地划入此区。同时,北京动物园又分为六大功能区,分别为动物展区、休闲餐饮区、办公管理区、饲料种植、职工生活区以及科普展览。

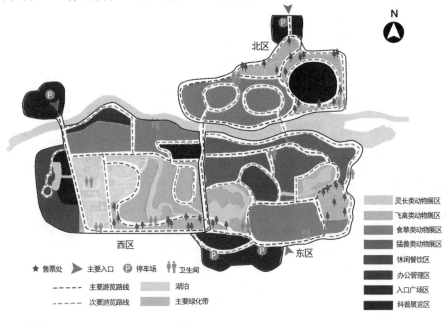

图2-5　北京动物园功能分区图

图片来源:作者自绘

④ 动物展区

a. 东区展馆

东区展馆作为北京动物园正门的第一个展区,分布着多个不同种类的动物展馆,其中最主要的有大熊猫馆、熊馆、雉鸡苑以及美洲、澳洲动物区。由于北京动物园历史悠久,初期的并列式笼舍形态仍存在于北京动物园的少部分区域,尤其是雉鸡苑区域。雉鸡苑区域的展馆为串联式室内展馆,每一个三米左右见方。展馆以传统的方格网进行隔离,以钢架支撑,顶部也设置围网防止雉鸡逃逸。内部丰容较为简单,以本杰士堆搭建方式为主,并放置栖架,较少配以植物绿化,植物形式也比较粗劣,很少进行人工修剪。

图 2-6　雉鸡苑隔离形式　　图 2-7　本杰士堆方式丰容　　图 2-8　雉鸡苑展馆排列形式
图片来源:作者自摄　　　　　图片来源:作者自摄　　　　　图片来源:作者自摄

熊猫馆是东区最为主要的场馆,分为三个较大的室外展区和一个室内展区,游客进入需额外收费。室外展区以传统的岛式方式为主,降低了展区高度,游客可以进行包围式游览,设置了一米左右宽的壕沟并设置栏杆进行隔离。室外展区的丰容部分做得较好,有爬架、木亭、绳索等设施供熊猫玩耍,同时也以此来吸引游客目光。室外展区的一大特色是彩陶砖烧制而成的由上千名儿童绘制的心愿墙,表达了人们美好的憧憬。

图 2-9　熊猫馆室外展区　　图 2-10　熊猫馆室外展区　　图 2-11　熊猫馆特色心愿墙
　　　　隔离形式　　　　　　　　　 内部丰容　　　　　 图片来源:作者自摄
　　图片来源:作者自摄　　　　图片来源:作者自摄

熊猫馆的室内展区设置在一座山形的建筑中,分为上下两层,一层为各个熊猫展区,二层主要为科普知识讲解以及文创产品售卖、咖啡休闲区域。一层的熊猫展区内部丰容部分与室外展区相近,区别是用玻璃对馆内几棵年代较久的树进行隔离保护。展区以玻璃橱窗形式进行展览,其顶部用钢架结构包围以增加安全性。室内展区多设置科普牌、熊猫骨架展示等,从多方面对熊猫进行介绍,丰富游客游园体验。

图 2-12　熊猫馆室内展区内部丰容
图片来源:作者自摄

图 2-13　古树保护
图片来源:作者自摄

图 2-14　科普知识牌
图片来源:作者自摄

　　熊馆作为北京动物园后期改造的一个展馆,以"增加景观生态元素,提高动物福利"的"生态式"动物展出为理念,采用国际先进的沉浸式展出模式。熊馆外部由仿真石墙构造,内部的长廊连接起各个展馆,顶部开敞,游客通过长廊一侧嵌于石墙中的展窗观赏动物。这种方式将人与动物完全隔离开,使动物不需要完全暴露在游客的视线中。观赏通道随熊类展区地形起伏而变化,游客参观时如同进入野外,移步易景,透过不同的展窗观察、窥视黑熊、棕熊在郁郁葱葱的生态环境中的起居生活。而长廊另一侧则贴着一些科普指示牌作为辅助观看设施。熊馆将"动物丰容"理念作为建设的重要设计元素,内部丰容由山石、植物、爬架等构成,尽量还原动物的自然栖息地,呈现给游客的是动物生活环境和展示参观方式的变化,从而提升公众对动物和自然的关注。

图 2-15　熊馆外部隔离
图片来源:作者自摄

图 2-16　熊馆内部丰容
图片来源:作者自摄

　　狮虎山是早期动物园场馆建设中独树一帜的典范,占地面积为 7 872 平方米。建筑外围系山形,由钢筋支撑,外墙以钢筋及钢筋网支撑山形,外抹水泥浆,山皮总厚约5～6厘米,用山的造型来装饰,改变了原有兽舍形式。游客进入馆舍参观犹如进入神秘的山洞。连接室外活动场地和室内动物馆舍的通道也被设计成山洞的形式,场馆内有模拟自然栖息地的运动场,这种设计不仅有很好的视觉效果,而且可以避免冬季寒风直接吹入展厅内部。游客与动物视线平等,动物不再作为被捕猎的对象供人取乐,充分体现对动物的尊重,使人们得以用欣赏的目光感悟野性之美。

**图 2-17　熊馆山形建筑外围**
图片来源：作者自摄

**图 2-18　熊馆参观形式**
图片来源：作者自摄

b. 西区展馆

西区展馆以灵长类动物展厅为核心,四周分布着长颈鹿、斑马、羚羊等非洲动物混养区以及两栖爬行动物馆、企鹅乐园、科普馆等主题展馆。灵长类动物区域分为室内展馆和室外展区两大部分,室内展馆由一个球形鸟笼状笼舍构成,展馆外侧以橱窗形式进行展示。作为金丝猴的一个主题展馆,该馆展示了不同品种的金丝猴。内部丰容方面设置了一些爬架、轮胎、梯子等物品供动物使用。

**图 2-19　金丝猴馆隔离形式**
图片来源：作者自摄

**图 2-20　金丝猴馆场馆构造**
图片来源：作者自摄

**图 2-21　金丝猴馆内部丰容**
图片来源：作者自摄

灵长类动物的室外展区以岛式形态呈现,饲养了黑猩猩等需要较大活动范围的灵长类动物。场地内设置了一米左右宽的自然式壕沟进行隔离;在动物活动区域用水泥、石块、草皮、沟渠模拟出一个简单的生活环境,并配置合适的丰容设施;内部植物生长繁茂,人工干预较少,在还原自然环境的状态下也存在着遮挡游客视线的弊端。室外展区的里侧有由山石土堆构成的室内通向室外的出入口,动物可以在室内室外自由出入,而游客也可以通过室内的展馆进行更近处的观赏。

图 2-22　灵长类动物展馆　　图 2-23　灵长类动物展馆　　图 2-24　灵长类动物展馆
　　　　自然式壕沟　　　　　　　　生态型环境　　　　　　　　内部丰容
　图片来源:作者自摄　　　　　图片来源:作者自摄　　　　　图片来源:作者自摄

　　非洲动物混养区占了西区面积较大的部分,饲养了斑马、剑羚等食草动物。整个区域分布在道路一侧,依据地形的改变创造出变化的游览环境,并加入了更为自然的障隔方式,比较常见的为按动物跳跃与奔跑习性而设的沟渠隔离。如斑马展区的"绿篱＋栏杆"隔离方式,对游人和动物都起到了良好的保护隔离作用,而且并没有给整个生态环境的营造带来过多的人工痕迹。

图 2-25　非洲动物混养区　　图 2-26　非洲动物混养区　　图 2-27　非洲动物混养区
　　　　隔离形式　　　　　　　　内部丰容　　　　　　　　区域导视牌
　图片来源:作者自摄　　　　　图片来源:作者自摄　　　　　图片来源:作者自摄

　　北京动物园内的两栖爬行动物馆是全国第一座也是设施最完备、面积最大、动物种类最多的两栖馆,设立在西区一个单独建筑的场馆内部,分为上下三层,多数采用单体单只的饲养方式展示。第一层是以蜥蜴为代表的地栖型爬行动物,第二层是以鳄目、蛙类、龟类为代表的水陆两栖型动物,第三层是蛇类爬行动物。动物展示的次序按演化进程从左到右依次展开,展厅整体布局为"回"字形,游览通道宽度为 8 米,展厅四周进行橱窗式展箱分隔,展厅中间分布着两到三个较为大型的区域,灌木植物与栖架、木箱、水池相结合构成爬行动物的自然栖息地。如此布局使得游览空间在大空间中又有小空间,有效地丰富了空间层次。不同展箱内根据各类动物习性设置背景、栖架、水箱、植物、石块、垫材等丰容材料，游客可以通过玻璃观察内部的动物。两栖爬行动物馆内还通过展览一些爬行动物的骨骼标本、生存环境等从多角度展示两栖爬行动物[12]。

图 2-28　两栖爬行动物馆橱窗式展箱　　图 2-29　两栖爬行动物馆内部丰容　　图 2-30　两栖爬行动物馆串联式橱窗展箱

图片来源：作者自摄　　　　　　图片来源：作者自摄　　　　　　图片来源：作者自摄

c. 北区展馆

北区展馆以北京海洋馆为中心，其余分布着象馆、鹰馆、犀牛河马馆这三个较为大型的展馆。作为较大型的动物展馆，犀牛河马馆外侧以牢固的钢化玻璃为阻隔，内部丰容较为简单，设置了大乔木起到遮阴效果，区域之间以钢琴键形式进行划分。而鹰馆以钢架结构为支撑，四周以及顶部附以菱形铁丝网防止鸟类逃逸，内部种植较多乔木、地被植物，起到一定的遮蔽作用。

图 2-31　犀牛河马馆外部隔离　　图 2-32　犀牛河马馆内部隔离　　图 2-33　鹰馆外部隔离

图片来源：作者自摄　　　　　　图片来源：作者自摄　　　　　　图片来源：作者自摄

⑤ 园林要素

a. 道路规划

北京动物园在建设过程中充分考虑使用者需求，主要出入口直接面对城市人流的来向。其中的道路分为三级：一级道路连接各个主要展区，二级道路满足各个动物展区之间的过渡，三级道路联系小卖部、卫生间、餐厅。道路铺装材料主要有混凝土、砖石和卵石等。其中一级道路采用混凝土铺装，二级、三级道路采用砖石及卵石拼接，形成了以灰色为主色调、红色为次色调的整体铺装氛围。

**图 2-34 北京动物园一级道路**    **图 2-35 北京动物园二级道路**    **图 2-36 北京动物园三级道路**
图片来源：作者自摄        图片来源：作者自摄        图片来源：作者自摄

b. 建筑构筑物

北京动物园内建筑风格各异，许多都是保存下来的文物古迹，最早可以追溯到清朝光绪年间。动物园大门是民国二层建筑的范本，进门为三合院布置，内部老建筑多建成于清朝光绪年间，包括畅观楼、东门楼等，采用欧洲巴洛克风格，以砖红色和米色为底色。内部亭廊、茶社采用中国传统建筑格局，其中最突出的是牡丹亭。牡丹亭内部空地上栽植各类牡丹，整体为四面环水的中式圆游廊，整体色调为红色与翠绿。园内还有中西合璧的建筑、古希腊式的方尖碑、日式的东洋房等，这些建筑如今不少已改建为现有动物饲养的办公地和繁殖地。

**图 2-37 园内建筑**
图片来源：作者自摄

园内设置了多处动物雕塑小品，与周边动物展区呼应，如狮虎山北侧名为"山君"的虎铜雕。

**图 2-38 园内雕塑小品**
图片来源：作者自摄

除动物雕塑外,北京动物园还设置了多处湖石小品,包括单独放置的湖石和由湖石搭建而成的门洞。湖石本身具备瘦、漏、皱、透的观赏特点,结合竹子、门洞、花窗为园景增添雅致的韵味。

图 2-39　园内湖石小品

图片来源:作者自摄

c. 绿化造景

北京动物园的绿化主要包括全园绿化、兽舍周围绿化及内部绿化,绿地面积约 34 公顷,植物种类达 184 种,其中落叶乔木 65 种,常绿乔木 12 种,落叶灌木 52 种,常绿灌木 11 种,落叶藤本 3 种,草本 37 种,竹类 4 种[13],主要乔木有银杏、油松、桧柏、柳树、杨树等。植物景观历史悠久,园内有较多古树名木,园区对大部分古树采用设立栏杆、支架支撑等措施进行保护;地面采用硬质铺装和景观覆盖物相结合的铺装方式,既能防止古树基部土壤板结,又能做到集水透气,为景观增色。

图 2-40　园内乔木

图片来源:作者自摄

北京动物园灌木数量较多,园内林荫道及各动物场馆区布置了大面积的绿篱,主要为大叶黄杨、小叶黄杨等常绿灌木。园内还有诸多如紫薇、珍珠梅、迎春等落叶灌木,能够使动物园三季有花,为动物园增添色彩。

**图 2-41　园内灌木**
图片来源：作者自摄

北京动物园的草本植物及花卉有大花萱草、玉簪、芦苇、二月兰等，主要以花坛、主题花境、花带和林下散植等形式分布。各场馆周边还有各式特色容器，包括长颈鹿花钵、熊爪印花箱等，塑造了动物园本身的文化氛围。

**图 2-42　园内草本植物**
图片来源：作者自摄

兽舍内的绿化主要分为两种：馆舍条件较好的兽舍，内部绿化尽量模仿动物野生环境，布置种植池、山石和原栖息地植被；原有展厅、展箱，主要选取耐阴观叶植物，营造野生环境景观，并利用背景墙壁和油画增添艺术效果，尽可能模仿自然景观。

北京动物园内部游人活动区域环境优美，主要以花径、疏林草地等相连，其中穿插河道、湖面、桥梁，营造出一个与外部相隔离的、绿树成荫的场所。游客可以流连于美好的风景之中，体验城市中难得的放松与愉悦，同时也能更好地感受动物、自然与人类的关系。

**图 2-43　园内风景**
图片来源：作者自摄

北京动物园的水体包括隔离北区与东西两区的南长河和以水禽湖为主体、六个湖面串联而成的园林水系。南长河为动物园提供了充足的灌溉用水，河道两侧为硬质驳岸，园内河道建闸，营造了内部的园林水体。

内部园林水体周边主要为自然式驳岸，多处采用堆石的手法用太湖石进行加固，水中设有少数岛屿，水边有木质观景平台和折桥，还有天然原石汀步将水面分割开来。水边种植许多冠大荫浓的乔木，水中主要种植荷花、水葫芦、睡莲、香蒲、水葱等挺水植物与浮叶植物，有较多水禽栖息在水禽湖及周边水面。

**图 2-44　园内水体、驳岸**
图片来源：作者自摄

d. 标识设计

北京动物园的标识系统可分为五类，包括动植物说明、提示牌、指路牌、警示牌和宣传牌，色彩以紫色、灰色、绿色为主。园内除了常见的动物介绍指示牌外，还有很多具有参与性、互动性的指示牌。动物园将动物形象、科普信息等内容融入指示牌中，通过这些更具有直观性的科普教育方式来唤起人们对自然的敬畏以及尊重,激发人们了解动物的热情。园内有专门的人员在节假日期间进行讲解,还有便携式语音导游器,能够将主题与游览线路相结合,为游客提供讲解说明。

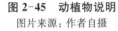

图2-45　动植物说明　　　　图2-46　指路牌　　　　图2-47　宣传牌
　图片来源:作者自摄　　　　 图片来源:作者自摄　　　　 图片来源:作者自摄

e. 公共服务设施

园内各个服务性场所建设完善,服务设施具有特色。有台阶的展示区域均设有无障碍通道,便于行动不便的人群参观。动物园西侧设立了小型儿童游乐园,在不影响动物展区的情况下,增加了动物园不同类型的活动区域。

图2-48　特色服务设施　　　　　　　　图2-49　儿童游乐园
　　图片来源:作者自摄　　　　　　　　　 图片来源:作者自摄

园内设有三种类型的餐饮售卖场所:第一种是出售冷饮、烧烤等产品的餐饮推车,分布在动物园各个场馆的周边;第二种是小型商店,其周边配备了休闲广场和桌椅,供游客饮食、休憩;第三种是饭店和茶社,分布在水禽湖和河流周边,包括欧式、传统中式建筑等。

| **图 2-50 餐饮推车** | **图 2-51 小型商店** | **图 2-52 饭店** |
| 图片来源：作者自摄 | 图片来源：作者自摄 | 图片来源：作者自摄 |

⑥ 运营管理

园区的整体管理理念具有创新性。北京动物园有规划性地与各大动物基金会举办交流班、培训班，并整合全园文化资源，与园林博物馆合作，推出各项文化活动。完善票务管理规范，实现管理处、动物管理和安全应急处以及各重点部门的全年全天三级值班。全面落实"京津冀协同发展"战略，打造保护教育产品，推进文创产品商店升级改造工作，丰富奥运熊猫馆礼品旗舰店文创产品种类。规范商业管理，推进文创工作，打造文创品牌，以"主题策划、媒体融合、危机应对"为宣传基础模式，打造北京动物园品牌。同时北京动物园也建设了科普馆，这能够使其更为充分地发挥出动物园保护教育的职责。

| **图 2-53 文创延伸产品** | **图 2-54 科普馆入口标志** |
| 图片来源：作者自摄 | 图片来源：作者自摄 |

过去，北京动物园主要利用广播电视和报纸杂志来传播信息，使公众了解动物园情况。随着互联网的发展，北京动物园也积极利用其专有网站和微信公众号等平台进行宣传，并依据公众对网站的反馈进行相应调整。

（4）建设总结

北京动物园是我国的第一个现代动物园，其发展伴随着不断扩建与局部提升。北京动物园的提升是基于进一步模拟动物原生系统，它从总体规划到展区再到保护教育都发挥了一个现代动物园应承担的责任。但由于建设时间较早，一些大型深坑展馆、部分牢笼式展示布局仍然影响着动物基本的生理心理需求，同时按动物种类的分类布局方式也较为落后。

在笔者调研期间，北京动物园正在对狮虎山、企鹅馆进行提升升级。北京动物园在提升设计方面不断地探究与实验，将为北京地区乃至中国动物园行业的相关工作创造一个具有现实意义的学习对象。

图 2-55　北京动物园提升工程
图片来源：作者自摄

### 2）上海动物园

（1）项目概况

上海动物园位于上海市长宁区，紧邻上海虹桥国际机场，占地面积约 74 公顷，饲养展出动物的馆舍面积有 47 237 平方米，是中国最早的一批动物园、全国十佳动物园之一、中国第二大城市动物园。上海动物园饲养展出各类稀有珍贵野生动物 400 余种 6 000 多只，其中有世界闻名的有着"国宝"和"活化石"之称的大熊猫，以及金丝猴、华南虎、扬子鳄等我国特产珍稀野生动物，还有世界各地的代表性动物如大猩猩、非洲狮、长颈鹿、袋鼠、南美貘等。园内还有乡土动物展区等特色展区，在乡土动物的保护与展示方面上海动物园走在全国的前列。

另外，上海动物园在生态建设方面也走在全国前列，园内有数十万平方米的草坪、十万余株树木和景色宜人的天鹅湖。近年来上海动物园通过建造无障碍的生态化展区、丰富园内绿化种植、将绿化造景与对应展馆动物的生态环境相结合，进一步提升了园内的园林景观，打造了颇具自然野趣的城市生态动物园。

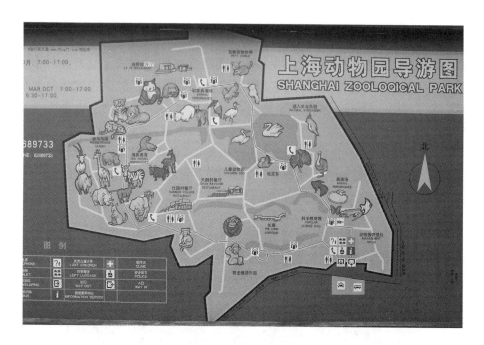

**图 2-56 上海动物园导览图**

图片来源：作者自摄

（2）提升背景

上海动物园历史悠久，最早可追溯到 1900 年，为驻沪英国一侨民开设的"裕泰马房"，占地约 1.3 公顷，1909—1911 年扩大到约 6.7 公顷，1930 年成为亚洲最早的高尔夫球场。1953 年 10 月，在全社会推广学习苏联经验的影响下，上海市政府在此修建了一座文化休闲公园。1954 年 5 月，为了纪念上海解放 5 周年，文化休闲公园正式对外开放，后定名为西郊公园，成为上海动物园的前身。1954 年 8 月，上海市政府决定将西郊公园正式扩建为动物园，但仅仅进行简易设施的建设，新建了熊山、猴山等。1959 年为庆祝新中国成立 10 周年，动物园面积大幅度增加，新增多个展区，初步形成了大型综合动物园的面貌。1960—1963 年，在"大跃进"以及三年自然灾害物资极为匮乏的情形下，上海动物园刚有所恢复的园林建设遭到了践踏，遭遇了毁灭性的破坏。直至 1970年上海动物园才基本恢复到 1959 年的发展水平。1980 年元旦，其重新成为被关注的焦点，开始了新一轮的发展。

20 世纪 90 年代初，在"上海动物园近期改建计划任务书"的指导下，上海动物园进行有规模的改建工作，改建工作持续了三年，1994 年总经费为 3 000 万元的"上海动物园近期改建计划"基本完成。上海动物园在动物展示线索按进

化规律不变的基础上新增了一批展馆，使动物展出种类达到 600 余种，共 6 000
余只。21 世纪以来，上海动物园的提升重点从场馆扩建转向笼舍改造，在学习
世界范围内先进优秀的动物园展出理论与实践的基础上，以动物展示生态化、
游客视线无障碍和动物生活丰富化为笼舍提升的指导思想，较好地完成了两栖
爬行馆、鸟类展区、猛兽动物展区和大部分食草动物展区以及部分灵长动物展
区的提升工作[14]。

除了对展示空间进行了必要提升，上海动物园于 21 世纪初对整个园区的
污水雨水系统进行了改造。并以 2010 年世博会为契机，结合上海市地铁十号
线的建设，对动物园大门及主入口区进行了改建，在动物园内部对动物园的主
干道路、标示标牌系统进行了提升[15]。

**图 2-57　上海动物园提升发展时间轴**

图片来源：作者自绘

（3）现状分析

① 整体定位

上海动物园在不断地提升中逐渐由传统动物园向现代动物园转变，从初期
单纯的参观游览场所到如今集物种保护、科学研究、保护教育和休闲娱乐于一
体的大型综合性公园，承担以自然保护为中心的社会功能。动物展示方式也由
过去的动物个体展示向动物综合展示转变，更加关注动物的福利，强调生物多
样性保护、生态系统价值和可持续发展在社会发展中的重要作用，旨在打造动
物的自然栖息地，向公众展示动物所在自然栖息地不同物种之间相互依赖的关
系。上海动物园在国内动物园行业中保持领先地位并逐步与世界现今的动物
园接轨，成为国内先进、国际一流的现代动物园[16]。

② 理念与特色

上海动物园的特色在于秉承动物友好理念，通过提升动物展馆设施、改善
馆舍的合理性来提高动物的生活质量，并通过智能化设施的更新与补充来突出
展示动物的生活场景，保障动物权利和动物福利。上海动物园使用多样化的展
示手段来提升游客的游览体验，增加人与动物的互动，树立特色的动物保护、动
物展示、动物研究与教育的目标。

上海动物园致力于对动物馆舍内部的丰容，一方面尽量模拟动物原有的生长环境，如在熊猫馆外栽种竹林，在猴馆以石头、假山模拟山体，在非洲动物展馆外栽种仙人掌等热带植物；另一方面不断地完善笼舍内设施，如为灵长类动物增设爬架、吊床，将食物藏到草丛内，锻炼其攀爬跳跃等能力，使其增加运动量，展现动物取食的特征，达到身体和心理的双健康，并向游客传播自然保护的理念。

除动物保护之外，上海动物园践行"生态优先"的发展原则，保留原先高尔夫球场的地形痕迹。开阔的大草坪，绿荫环抱、层次丰富的园林景观，干净整洁的道路以及生态化动物展区，无不使游客仿佛置身于大自然之中，尽赏野趣之美[17]。

③ 布局结构

上海动物园以动物进化的顺序进行展览，各个展示空间之间联系紧密，过渡自然。入口处为两栖动物爬行馆，以此为展示线索的开端，按照脊椎类—鱼类—两栖类—爬行类—鸟类—哺乳类动物的顺序进行排列，包括鸵鸟园、孔雀园、犀鸟园、熊馆、狼馆、长颈鹿馆、河马馆、大猩猩馆等，以进

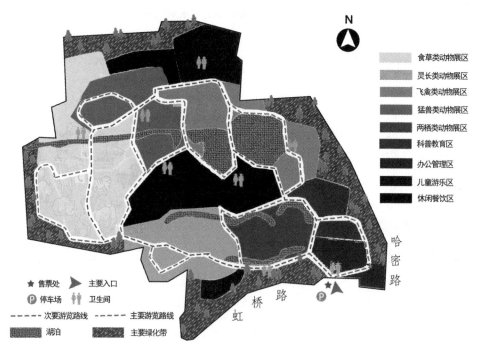

**图 2-58　上海动物园功能分区图**

图片来源：作者自绘

化顺序串联起整个园区。园区共分为四大区域,分别为动物展区、休闲服务区、办公管理生产区以及科普教育区。

④ 动物展区

上海动物园的现代化展示区已经基本建设完成,由于早期建设可提升的空间较小,因此园区北侧(原西郊公园址)保留原样,并被纳入游览路线中,让游人在游览中产生对保护自然的思考。动物展区的规划设计主要围绕动物福利、物种保护以及栖息地保护三个方面,满足动物的需求和原生环境的再现。动物展区现主要有两栖爬行馆、乡土动物展区、鸟类展区、食肉动物展区、食草动物展区、海洋动物展区和灵长类动物馆等特色展区。通过笼舍改造,生态化展区达到100%,是国内动物综合展示的示范基地[18]。

a. 室内展区

上海动物园的室内展区主要分布在两栖爬行类动物展示区、金鱼廊、进入式鸟园和灵长动物展区。

两栖爬行类动物展示区主要由序言厅、水族厅、两栖动物厅、蜥蜴厅、无毒蛇厅、毒蛇厅和生态厅七部分组成。其中,生态厅全方位模拟亚热带动物的生活环境,游客从桥上穿过整个场馆,近距离观察扬子鳄、马来西亚巨龟等动物及其生活的环境。无毒蛇、毒蛇和两栖动物厅的部分展区利用岩石、沙土、河流和栖架进行较为细致的生境模拟,能够较好地展现动物特色及其生活环境。但由于建成时间较早,两栖爬行类动物展区大部分动物展示空间都较为狭小,且内部设施较为简陋,环境氛围单调,动物缺乏可以栖息、藏匿的场所。同时,由于展示空间较小,常有儿童通过敲击玻璃来引起动物注意,这对动物的正常生活无疑是一种严重的干扰。

图 2-59　两栖爬行馆
图片来源:作者拍摄

上海动物园的金鱼廊是一个由回形廊、天井和弧形廊组成的展示区域,其中设置了卡通鱼缸、地埋式鱼缸、巨幕墙缸、柱形鱼缸等,游客可以在廊中的各个方位观察到形态各异、色彩鲜艳的金鱼。

图 2-60 金鱼廊
图片来源：作者拍摄

　　进入式鸟园的设计完全采用生态化方法和理念，展馆用一高达十米的网笼分隔，内部分为东西两个部分，分别饲养不同种类的鸟类，植物景观步移景异。园内设置小桥和小道限制游客行走路线，并布置有潺潺的溪流，充分展现鸟类与环境和谐相处的氛围。

图 2-61 进入式鸟园
图片来源：作者拍摄

　　上海动物园灵长类动物展区中，大猩猩、黑猩猩、红猩猩均拥有独立展馆，采用室内展示的形式。其中，大猩猩馆外形颇具非洲风情，猩猩馆内部有两间展厅，分别设置假山、绳索和栖架，供大猩猩在其中攀爬、活动。

图 2-62 大猩猩展馆
图片来源：作者拍摄

b. 室外展区

室外展区按动物的野外生存特性稍加布置,与北京动物园不同的地方在于,由于地理位置的差异,上海动物园的植物配置尤其是动物室外展区空间的植物配置更加丰富,打造了更为接近自然环境的展区。以植物为人与动物之间的隔离是上海动物园展区设计的一大特色,这一特色尤其在鸟禽区应用广泛,通过木栅栏与绿篱形成划分空间的边界,再运用低分叉类的植物形成空间顶界面,在有限的条件下创造一个相对独立的贴近自然的空间。

图 2-63　鸟禽展区
图片来源:作者自摄

食肉动物的室外展区主要使用高差和栏杆进行隔离,防止弹跳能力较好的动物有逃脱及伤人的可能。此类展区内部多设置假山、水系、植被等,并设有较多树枝、栖架,既能展示动物生存所需环境,又为动物提供了充足的活动空间。

图 2-64　熊山栏杆隔离　　　图 2-65　熊山内部丰容　　　图 2-66　老虎展示区
图片来源:作者自摄　　　　图片来源:作者自摄　　　　图片来源:作者自摄

上海动物园中还有一个特别的展区——乡土动物展示区,该区域面积达三万平方米,是一个以华东地区湿地景观为特征、以华东特色动物为主的混合乡土型动物展区。展区按动物类型分为小兽区、食草动物区、猛兽区和鸟区。为充分模拟动物生境,上海动物园在原有地形基础上不断完善,布置了缓坡、水体、平地多种地形,如小兽类展区地形富有变化,多为连绵起伏的小丘;考虑动物戏水的需要,在鸟禽和猛兽区设置了溪流和湖泊。

乡土动物展区内植物主要模拟湿地景观进行自然式种植，保留原有水杉、垂柳等大树，并在相应位置种植鸢尾、千屈菜等挺水植物和苦草等沉水植物。食草类动物展区为满足其奔跑、活动需要，配置大片开阔的缓坡草地，并以小乔木、灌木进行配置，营造缓坡草地的自然野趣之美。

乡土动物展区内部环境丰容布置合理，依据动物的不同特性，分别为其提供了洞穴、假山、沙地、栖架等设施，通过低矮灌木、植物、各式树枝树干和岩石的排列，模拟乡土动物原本栖息地环境，并为其提供藏匿场所、栖息场所和活动空间，以实现动物福利和生态可持续发展。

游客参观道路紧邻各个展区，通过架空的天桥、玻璃隔离人与动物，在确保游人安全的同时，拉近游人与动物的距离。游客可以从观景台向下俯瞰展出动物，获得沉浸式、多角度的观赏体验。

图 2-67　乡土动物展区

图片来源：作者自摄

c. 混合式展区

大多灵长类和食草动物展区分为室内和室外两部分，室内展区以玻璃幕墙为主要隔离方式，室外设置木栅栏、铁丝网或水沟进行隔离，室内外用门或小型洞口连通，以便动物自由进出内外展馆。

图 2-68　灵长类动物展区

图片来源：作者自摄

**图 2-69　长颈鹿馆**
图片来源：作者自摄

⑤ 园林要素

a. 道路规划

上海动物园道路划分明确，一级道路（宽 5～6 米）连接各个主要展区，形成园内的主环路，多使用清水混凝土材质，方便车辆通行；二级道路（宽 4 米）贯穿主环路与各展区，满足各个动物展区过渡的需求，有效分散展区较大的人流量，采用砖石铺地，兼顾管理通道、防灾疏导的功能；三级道路（宽 1.8～2.4 米）连接小卖部、卫生间、餐厅等休憩游玩空间，多采用卵石铺装、青石板碎拼等形式，营造与自然紧密融合的林荫小径。在食肉动物展区，部分道路地面铺有动物爪印的特色铺装，既能烘托动物园氛围、呼应猛兽展示的主题，又能够起到引导人流的作用。

**图 2-70　动物园道路铺装**
图片来源：作者自摄

b. 建筑构筑物

园内建筑包括餐饮售卖亭、公共厕所等公共建筑，动物保护站等提供医疗和应急服务的专用建筑和配电室等内部人员专用建筑。其中，公共建筑多为一层坡顶或平顶造型，色彩、纹理与周围环境融合自然。动物保护站色彩鲜明，其纹理与动物本身毛色、花纹相契合，能够较好地体现动物特性。配电室等建筑大多隐藏在假山、大门周边，与周围环境融为一体。

图 2-71　餐饮售卖亭
图片来源：作者自摄

图 2-72　老虎保护站
图片来源：作者自摄

图 2-73　公共厕所
图片来源：作者自摄

上海动物园内设有诸多小品，既有动物的写实雕塑，也有供儿童游玩的互动式小品，既能够让儿童有机会近距离观察动物样貌与形态，满足其与动物亲密接触的愿望，又能将科普融入小品之中，通过"和鸵鸟比比谁高""和大象比比谁重"这样的互动式小品，激发儿童对动物的兴趣，加深儿童对动物特征的了解。

图 2-74　动物园特色小品
图片来源：作者自摄

园内设有多处凉亭和滨水平台等小型构筑物，多采用木材、竹子或仿天然材质。此类构筑物体量较小，色彩与材质能够较好地与周边植物景观相融合，既能够供游人休憩、观景，又为园景增添了一抹色彩。

图 2-75　休憩凉亭
图片来源：作者自摄

图 2-76　滨水观景平台
图片来源：作者自摄

c. 绿化造景

上海动物园绿化带总面积约47公顷，主要有草坪区、林带区和笼舍区。其中，林带区乔灌草层次较为丰富，乔木多为棕榈、水杉、香樟、悬铃木等有地带性特征的植物，灌木则以珊瑚、大叶黄杨、八角金盘及蚊母树等有一定耐阴性的植物为主，草本植物主要为石菖蒲、麦冬、鸢尾等地被植物以及四季的草花等[19]。

上海动物园中部设有较大面积的可进入式草坪，以香樟、雪松等乔木为背景，花境为草坪边缘的装饰，花境选用大花萱草、黄晶菊等宿根、球根花卉和观形类草本植物，较好地丰富了植物景观的层次，营造出引人入胜的自然景观。

图 2-77 植物配置
图片来源：作者自摄

图 2-78 休憩草坪
图片来源：作者自摄

笼舍区的植物配置则多模拟动物原栖息地的自然景观，考虑动物的生态特性与生理需要，如熊猫馆周边种植的大片竹林、两栖爬行馆周边围绕的模拟森林和热带植物等。同时，笼舍区的植物还能够作为隐蔽要素隔离游客和动物笼舍，对围栏进行遮蔽和隐藏，鸟类展区大多应用此类配置方式。

图 2-79 笼舍区植物配置
图片来源：作者自摄

园内的水体循环流通，主体为由几个天然水塘连通而成的天鹅湖，湖面开阔,有诸多鸟类栖息其中。湖中设有五个小岛,供禽鸟栖息、繁衍。不同水体之间通过桥梁衔接,根据不同水体特色栽种不同的水生植物,如水杉、黑松、柳树、花芦、荻草等,在净化水质的同时营造各具特色的湿地景观。同时在动物展示区中,结合动物对水的喜好设置不同的水系景观,并考虑游客的观赏视线,利用玻璃幕墙、水底通道等增加水中游览视线。

图 2-80　园内水体
图片来源:作者自摄

d. 标识设计

上海动物园的标识系统主要集中在科普教育牌上,从三个层面展开,第一种是科普展览馆的系统化展示,馆内还设有自然小课堂等科普教育教室,能够较为系统地为儿童进行科普教育。第二种是分散式展示教育,通过设立在动物园的各种不同类型的动物指示牌、展示小推车、知识二维码,使游客在参观游览的同时学习了解到更多有关动物的知识,从而触发人们保护动物、保护自然的意识。第三种是警惕性教育,将危害动物的做法或者是已经造成的后果向公众展示出来进行警示,如通过展示放置长颈鹿"海滨"雕塑的爱心亭,讲述随意投喂给动物带来的致命伤害,呼吁游客停止投喂动物及在园内乱扔垃圾。

图 2-81　园内展览指示牌　　图 2-82　园内宣传海报 图 2-83　园内标识系统
图片来源:作者自摄　　　　　图片来源:作者自摄　　　　图片来源:作者自摄

e. 公共服务设施

上海动物园在公共服务设施的设置上充分体现"以人为本"的理念,并富有动物园特色和趣味。公共服务设施与特色动物展区相结合,在六个主要的动物展区游览干道上设置售卖部,将动物观赏、保护教育和游客服务融为一体,形成"一心六区"的游客服务模式,满足全园的服务要求。在游客高峰期间适当增加流动售货点,方便游客不同的购物需要。园内配备有休闲广场以及大面积开阔草坪作为休憩区域,还设置了诸多儿童游乐休闲区,其中有骑马、钓鱼等特色娱乐活动,满足了儿童近距离接触动物的渴望。

**图 2-84　休闲广场**
图片来源:作者自摄

**图 2-85　休闲娱乐项目**
图片来源:作者自摄

除休憩设施外,还有诸多结合周边动物展区设置的动物主题厕所,如熊猫岭厕所、环尾狐猴厕所等。此类主题厕所将动物憨态可掬的形象与科普知识化为壁画和科普贴纸,绘制在外墙与内门上,能够烘托动物园活泼的氛围,同时将科普教育融入建筑之中。

**图 2-86　动物主题特色厕所**
图片来源:作者自摄

上海动物园场馆内的无障碍设施较为齐全,室内场馆均设有电梯,科普教育馆等高层建筑中还配有螺旋坡道和盲道,部分科普标识还有盲文,为婴幼儿家长及行动不便的群体提供了参观上的便捷。

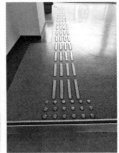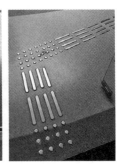

图 2-87　无障碍设施

图片来源：作者自摄

⑥ 运营管理

上海动物园机构类型为事业单位，是公益性的组织机构。近些年，由于各个旅游景区的竞争压力以及自身发展的经济压力不断增大，上海动物园充分发挥生物资源丰富和科普活动场所不受限制的两大优势，通过对市场的研究，利用媒体扩大宣传范围，结合网络辅助宣传，针对不同的宣传主题和服务对象，开展多种形式的科普活动，并积极与新媒体进行合作，举办文化节等活动，且每一年都推出新的活动，扩大动物园的影响力和市场吸引力。

（4）建设总结

上海动物园以建成城市生态动物园为目标，不断推动生态化动物展区的建设，为公众提供了一个接近自然的平台。上海动物园是园林化的城市动物园代表，在园林空间的塑造和动物展区的逐步提升中，它不仅做到了保障动物生存福利，在原有的基础上尽可能优化自然生存环境，而且通过材料的运用、地形的变化、园林要素的添加来提升游客的感官感受，增强游客对大自然的认同感。上海动物园的各方面提升建设手法都值得我国其他城市动物园学习。

### 3）南京红山森林动物园

（1）项目概况

南京红山森林动物园位于江苏省南京市玄武区，是南京陆地面积较大的公园，也是展示六朝遗风的专类园，东眺紫金峰峦，南临玄武湖，北望幕府山，西南与南京火车站接壤，东与红山路，北与和燕路相连[20]。周边交通便捷，地理位置优越。

园区总面积约 68 公顷，内部地形多变，有大红山、小红山、放牛山等诸多山峰。绿化覆盖率达 85%，展示着世界各地珍稀动物 216 种 2 600 余只。其中，有从德国引进的白虎、从加拿大引进的环尾狐猴、从日本引进的山魈、从南非引进的黑猩猩、从南美引进的变色蟒、从南极引进的企鹅等，还有国家保护动物如大熊猫、金丝猴、长臂猿、黑叶猴、丹顶鹤、东北虎、小熊猫、河麂、绿孔雀、扬子鳄等。园内还有按六朝石刻复制的仿古石雕,以及占地面积约为3.6公顷的野生动物放养区。南京红山动物园以其独特的森林景观、丰富的动物资源、多彩的主题活动成为国内最具特色的动物园之一。

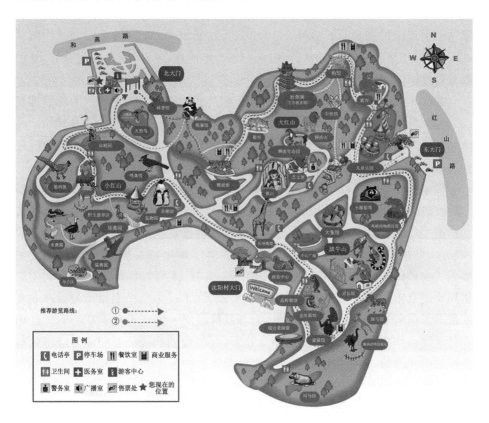

**图 2-88　南京红山森林动物园导览图**

图片来源:南京红山森林动物园官网

(2)提升背景

1954年1月,南京红山森林动物园的前身玄武湖动物园在位于玄武湖公园的菱洲建成,同年5月18日,该园正式对外开放,其时共有动物78种634只。1955—1963年,动物园进行了持续的扩建,先后建成猴山、水族馆、小兽舍、鳄鱼池、猛兽馆、鸣禽馆、雉鸡馆、熊山、熊猫馆、骆驼园、和平亭等馆舍。1980—1989年,动物园又建成长颈鹿馆、袋鼠馆、斑马馆、山魈馆、猩猩馆等,其中以四方八鹿为造型的长颈鹿馆曾获建筑设计奖。

1993年,南京市政府把位于玄武湖公园菱洲的玄武湖动物园与红山公园合并,并将新建红山森林动物园列为规划项目。1994年,南京市成立红山森林动物园筹建小组，开始红山森林动物园详规编制工作。1995年，红山森林动物园筹建处在红山公园挂牌，开始动物园基础设施建设。1998年8月，动物园整体建设完工。1998年8月15日至9月18日，原玄武湖动物园进行了为时一个月的大搬迁。同时，动物园又新进了河马、金丝猴、白鹮、天鹅等珍稀动物品种，将动物展出规模扩展为200多种3000多只。1998年9月1日，玄武湖动物园正式闭园，搬迁至红山森林动物园现址。1998年9月28日，所有动物合并，红山森林动物园正式对外开放。

2004年5月1日，动物园耗资300万元复建了动物园内的"大壮观阁"。2015年7月，南京市规划局计划对红山森林动物园进行扩建，红山森林动物园将由原来的50.45公顷扩大到74.82公顷，面积增加了24.37公顷。此外，动物园还要改造北大门，新建南大门，增加商业综合体，并新增澳洲区、非洲区等动物馆。

直至2017年底，红山原有的各大旧场馆——豹馆、熊谷、虎园等开始在新一轮改造中"脱胎换骨"，得到全面提升。伴随场馆提升，其分布也由原先的按动物类型（食草动物、食肉动物、禽鸟）划分，变成按动物栖息地划分，如非洲区、澳洲区、马达加斯加区、冈瓦纳展区等，让游客了解生态系统的整体性，引发更多关于物种保护的思考。加快构建以文化、生态、休闲为特色的国际化大旅游格局是南京市政府对旅游产业提出的新要求，这不仅为整个南京市旅游产业发展带来了前所未有的新契机，同时也对各景区提出了更高的发展要求[21]。红山森林动物园作为南京市唯一的城市动物园，面临着动物园公益职能与经济效益共存的时代考验，处于发展转型的关键时期。

**图 2-89　南京红山森林动物园提升发展时间轴**

图片来源：作者自绘

（3）现状分析

① 整体定位

南京红山森林动物园坚持科学发展观，整合内外部资源，以保护动物、科普教育为出发点，以动物的保育工作为核心主业，以动物研究为技术支撑，以休闲娱乐为吸引手段，致力培养公众对自然、对生命的同理心、爱心和感恩之情，提升大众保护野生动物及生态环境的意识和行动力，将红山森林动物园打造为最具长江流域特色的教育性城市动物园。南京红山森林动物园在发展中不断寻找自身出现的新问题,勇于改革和创新,探寻出具有红山特色的发展模式和良性循环的发展机制,始终密切关注和研究国内外动物园行业发展趋势,现已成为展示江苏省、南京市生态文明的重要窗口。

② 理念与特色

南京红山森林动物园作为国内少有的具备自然山石、起伏地貌的动物园,在动物园提升发展中充分利用独特的风貌优势,因地建园,猴山、熊山、狼谷根据地势呈现不同的馆舍形态,以室外开放式展区为主,拉近游客与动物之间的距离。红山森林动物园贯彻生态筑园理念,将动植物在有限的空间内完美地有机组合在一起,发挥城市绿地的生态主导作用。具体措施包括注重园内动物栖息地生态建设,创造良好的动物栖息环境;以提升动物福利为出发点,丰富场馆内部丰容、增加动物活动空间;植物配置与动物原始环境相适应,塑造生态园林氛围;服务配套设施融入园内环境,体现协调之美[22]。

③ 布局结构

南京红山森林动物园主要包括食草类动物展区、飞禽类动物展区、猛兽类动物展区等动物展览区,以及入口广场区、办公管理区、儿童游乐区、商业表演区和科普教育区几个部分。动物园主要入口位于动物园北侧及东侧,园内主体为动物展示区,其余功能区及绿化带环绕在周边。

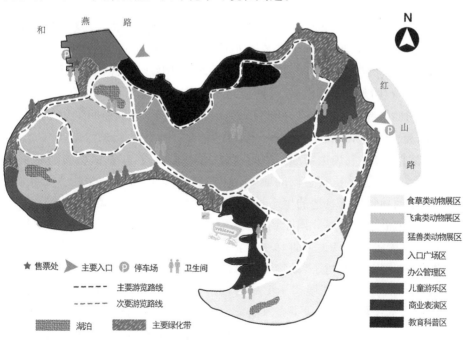

图 2-90 南京红山森林动物园功能分区图

图片来源:作者自绘

④ 动物展区

南京红山森林动物园具有特殊的地形地貌，园区坐落于整个自然森林群落之中，植被资源丰富，风景林地面积大，绿化覆盖率高，地形起伏，曲径通幽，具备城市森林公园独特的风貌优势。东入口和北入口两个入口空间均采用动物造型绿雕，醒目富于童趣，与森林群落背景亦相得益彰。动物展区包括大熊猫馆、灵长类动物馆、狮虎馆、两栖爬行动物馆等，包括室内展区、室外展区及混合式展区等多种形态。在最新一轮改造中，红山森林动物园更加以人为本、以动物为本，将展区逐步打造成集展示、科教、休闲娱乐功能于一体的多功能自然生态综合体。

图 2-91　南京红山森林动物园东入口景观　图 2-92　南京红山森林动物园北入口景观
图片来源：作者自摄　　　　　　　　　　　　图片来源：作者自摄

a. 熊猫展区

南京红山森林动物园熊猫馆在改造前占地面积约 1 500 平方米，通风透光效果差，完全忽视动物的身心健康，动物活动范围小，丰容、栖架、塑石、假树林立，光秃而又生硬，1 个室内展厅，面积约 150 平方米，呈下陷式观赏模式，内室 3 个，每间面积约 15 平方米。因此，新场馆的建设根据大熊猫的生活习性和栖息习惯，充分利用原有地形，减少林地破坏，新建一个现代化的生态展览；模拟动物天然栖息地，利用植物划分空间，软化混凝土结构，在保证动物活动空间的基础上，精心营造适宜它们的地形、水体、植被乃至小气候；采用乡土树种，形成接近动物野外栖息地的生态景观，强化大熊猫的行为与心理感觉[23]。

新场馆根据功能划分出了内展厅、参观通道和大厅、内室及外运动场四大区域，整体隐藏在一大片竹林中，竹林占地面积约 10 000 平方米。为了让熊猫吃上新鲜可口的竹子，动物园将这块地发展成为熊猫的口粮基地。每年 3 月 12 日动物园都会开展亲子植树日"我为大熊猫栽竹子"的活动。为迎合参观游览，将这片竹林做成一个小游园，林中植物配置有桂花、红枫、鸡爪槭、紫藤等，游步道穿梭在幽静的竹林中，林中散布着形态各异的大熊猫模型，分散着座凳供游人休息。

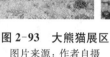

图 2-93　大熊猫展区　　　　　　图 2-94　大熊猫展区内科
图片来源：作者自摄　　　　　　　　　　普教育部分
　　　　　　　　　　　　　　　　　　图片来源：作者自摄

b. 灵长类动物展区

南京红山森林动物园灵长类馆的改造亦体现出全国领先水平，园方对其进行的改造工程主要体现在保证动物活动空间的基础上，精心营造适宜它们的地形、水体、植被乃至小气候，尽量采用天然土壤和活植物，形成接近动物野外栖息地的生态景观，模拟生态的效果。原灵长类动物馆位于放牛山，两层砖混结构，4 间内展厅加过笼面积约 300 平方米，通风透光效果差；面向南面的外运动场面积约 1 000 平方米，从方便观看的角度出发，呈下陷式的观赏模式，完全忽视动物的身心健康。动物活动范围小，场内绿化配置简单，丰容、栖架较为生硬，动物很少有兴趣攀缘上去活动[24]。

改造后新场馆的北面是一大片开阔林地，地形平坦，地被植物丰富，占地面积约 3 000 平方米。场馆建设充分利用原有地形，减少林地破坏，新建一个现代化的生态展区，在模拟动物天然栖息地的同时，也会给动物以选择权，让它们有机会按自己的意愿离游客远一些，或者干脆躲避游客的目光。利用植物划分空间，软化混凝土结构，将原来游客的观赏视线降低到灵长类动物的观察视线，强化其行为与心理感觉。馆内根据动物的需要放置错落有致的栖架；将水龙带编织成网状悬挂在高空，便于动物攀爬；在内墙上彩绘出热带雨林的场景，使动物的生活环境更贴近大自然。

除了动物活动区的改造，动物园对灵长类动物展区的游客游览区域也进行了提升，增宽参观道；根据光学原理，通过展区光线的调整使得游客透过玻璃观赏的效果更加清晰；参观道的墙面采用毛竹装饰整面墙，墙面以电视、展板形式展示有关灵长类动物的特性，并设有动物同等大小的模型，增加游客游园趣味。

图 2-95　灵长类动物展区内部丰容

图片来源：作者自摄

图 2-96　灵长类动物展区新增的
科普互动装置
图片来源：作者自摄

图 2-97　灵长类动物展区动物
活动外场透视窗
图片来源：作者自摄

c. 细尾獴馆

细尾獴馆由跑马场改建而成,面积为 500 平方米,建有仿石生态笼舍,模拟野外环境运动场,并设有参观隧道、下沉式参观通道,利用玻璃隔绝动物与游客,满足游客近距离观看动物的需求,给游客以独特的参观视角。而狼谷、犀鸟馆等场馆利用跃层式参观栈道等形式,使游客可以身临其境进行参观,与动物更加接近。多样的展出形式充分展示动物的生活与行为习惯,给予游客更充足的认知,丰富游客的体验。

图 2-98　细尾獴馆近距离观看动物
图片来源：作者自摄

图 2-99　狼谷参观栈道
图片来源：作者自摄

⑤ 园林要素

a. 道路规划

南京红山森林动物园中,主要游览路线环绕各动物展区,次要游览路线满足各动物展区的过渡与穿插的需要,部分小路连接小卖部、卫生间等休闲服务设施。在铺装材质方面,南京红山森林动物园一级道路为沥青路,方便车辆通行;二级道路主要采用砖石铺地,通过不同的拼接方式区分各个展区;三级道路多采用卵石铺装、青石板碎拼等形式,营造与自然紧密融合的林荫小径。局部设置不同形式的动物主题铺装,既丰富了地面铺装效果,也给游客一定的暗示,有助于整个游览逻辑的形成。

b. 建筑构筑物

南京红山森林动物园人文历史底蕴深厚,其曾为皇家宫苑的一部分,遗留下的一些牌坊、石刻、桥梁等为六朝风格建筑,丰富了动物园的景观小品。除了一些历史性建筑,园内根据游客观赏的集散频率设有观赏平台,平台上建有富有热带特色的景亭,配以芭蕉树以及一些大叶植物,并建造假山石,上面栽植藤类植物,富有韵味。

除去动物园常用的雕塑和景亭等设施外,南京红山森林动物园把一些动物后勤管理设备也同样展示给游人。例如将转运大象的铁笼放置在大象馆周边的游览干道旁,在省去存放空间的同时,该转运铁笼也起到一定的科普作用。游客走进去,更加深刻地感受到大象体型的巨大,敬畏感由此而生。

**图 2-100 景观小品**
图片来源:作者自摄

**图 2-101 后勤管理设备**
图片来源:作者自摄

c. 绿化造景

南京红山森林动物园是一个以植物景观见长的城市森林动物园,园内植物从蕨类植物到高大乔木共有 400 多种,绿化覆盖率达 85% 以上,其中雪松、银杏、白玉兰、香樟、水杉、红枫等构成了山地园林风景。

园方在小红山北坡栽植了大面积的红花油茶以及枫香树,着意营造"春有红花，秋有红叶"的景观，增加植物的立体层次，丰富季相和色相变化。而猴山、走禽园至鸟禽馆的山坡也是极为重要的观赏坡面，园方对林冠线、林缘线进行充分处理，并利用枫香、乌桕、银杏等色叶树种做到"虽由人作，宛自天开"的效果。

南京红山森林动物园的植物配置整体较为粗犷，但在局部的设计上也有精雕细刻的部分，如配置的绿雕、模纹花坛提升了景观的精致度，色泽艳丽，凸显主题，加深了游客对动物园园林景观的印象。植物景观层次丰富且富有季相变化，立体绿化形式多样，整体粗中有细、细而不腻，植物养护良好，绿化覆盖率极高，结合起伏的地形轻松打造出了城市森林公园景观[25]。

**图 2-102　园区内的绿雕及模纹花坛**
图片来源：作者自摄

南京红山森林动物园内有较大面积的由山地汇水而形成的水面，略施人工修葺，是水禽栖息的良好场所。西北角湖泊设有几座小岛，是环尾狐猴、天鹅、鸬鹚等动物的栖息地，以水为界杜绝了游客的投喂等不文明行为和动物的逃窜，同时呈现出一个没有围栏边界的动物生存景象。

**图 2-103　湖泊整体景观**　　**图 2-104　环尾狐猴岛**　　**图 2-105　大型水鸟栖息地**
图片来源：作者自摄　　　　图片来源：作者自摄　　　　图片来源：作者自摄

d. 标识设计

南京红山森林动物园内的标识牌较多，入口处和园内的导视牌、讲解牌都比较完善，但是园内大红山、小红山和放牛山这三大区域之间过渡的导视牌数量较少,指示不明。2010 年南京红山森林动物园进行了导视系统提升,使用了符合儿童喜好的图形和色彩,弱化了复杂的地形信息,主要突出各个动物展馆,并使用卡通形象作为标注。改善后的标识牌更符合园区的环境,提高了清晰度和美观度,也更能满足游客的参观需求[26]。

图 2-106　园内标识牌设计
图片来源:作者自摄

e. 公共服务设施

南京红山森林动物园对照国家 4A 级景区标准对园区的公共基础设施进行全面提档升级,公共服务设施系统较为完善,造型富有动物园特色。园内在各个主要展区的道路上设有多家商店、咖啡厅及特色餐饮设施,集中安置利于管理。园内设置了观光巴士,并在主要节点设置了停靠点,且园内有较多的休憩设施及草坪,能够供游人休憩游玩。

图 2-107　集中布置的儿童 　　图 2-108　餐饮休闲服务 　　图 2-109　园内交通服务
　　　　　游乐业态 　　　　　　　　图片来源:作者自摄 　　　　　图片来源:作者自摄
图片来源:作者自摄

⑥ 运营管理

近年来,南京红山森林动物园克服了自收自支事业单位投资资金短缺的困难,坚持公益性发展战略,突出强调动物保护和科普教育两大核心职能,加快传统动物园向现代城市动物园的转变发展进程。南京红山森林动物园转变经营理念,改革内部管理机制,吸取国内外先进动物园的建园理念,制定野生动物种群发展规划,加大动物繁育的科研工作力度,实施动物场馆生态化改造,加强动物丰容优化。南京红山森林动物园走在全国动物园前列,连续多年举办各类以动物保护为主题的科普教育活动,内容生动,形式多样,深受广大游客好评,取得了显著的社会效益。

(4) 建设总结

南京红山森林动物园以独特的森林景观、丰富的动物资源、多彩的主题活动成为国内最具特色的动物园之一,每年吸引来自世界各地访客 500 万余人次。南京红山森林动物园在做好园内野生动物保育工作的基础上,同时肩负着江苏地区野生动物的收容救护责任,积极发挥着本土野生动物综合保护的重要职能。作为全国科普教育基地,红山森林动物园积极开展形式多样的公众教育项目,致力培养公众对自然、对生命的同理心、爱心和感恩之情,提升大众保护野生动物及生态环境的意识和行动力,已成为展示江苏省、南京市生态文明的重要窗口,值得其他同类动物园借鉴。

悠久的历史、优越的山地风貌、便捷的交通条件、充足的客源等外部宏观环境为南京红山森林动物园的发展提供了良好的机遇,但同时也提出了更高的要求。南京红山森林动物园目前也存在着一些问题,如具有本土特色的物种偏少,未能依据所在区位的特点建立特色种群;基础设施较为陈旧,服务配套设施缺乏;现代化宣传较少,宣传教育手段仍以展板为主要方式,对声、光、电、动画、多媒体、网络等现代化的方式运用较少;等等。这些方面与国内外先进动物园仍有一定的差距,南京红山森林动物园应抓住机遇,迎接挑战,积极采取措施,努力实现发展转型。

**4) 苏州上方山森林动物世界**

(1) 项目概况

苏州上方山森林动物世界位于中国江苏省苏州市石湖西岸吴越路上方山南麓,是近年来新建的动物园,前身为苏州动物园。提升后其规划面积约 67 公顷,建筑总面积为 2.4 公顷,占地面积为 2.4 公顷。园内动物种类有 100 余种,54% 属于濒危物种,拥有欧洲、非洲、亚洲、澳洲、美洲和我国特有珍贵野生动物,如川金丝猴、黑叶猴、羚牛、长颈鹿、白虎、火烈鸟、美洲黑豹、环尾狐猴、袋鼠、赤猴等。苏州上方山森林动物世界有鱼类、两栖类、爬行类、鸟类和哺乳类动物,还先后建立了许多野生动物种群,如华南虎和东北虎种群等。苏州上方山森林动物世界展出各种珍稀野生动物,宣传和普及野生动物的科学知识,致力于濒危野生动物的移地保护工作。

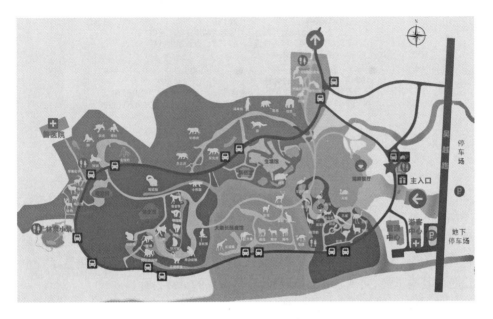

**图 2-110　苏州上方山森林动物世界导览图示意**

图片来源：苏州上方山森林动物世界官网

（2）提升背景

苏州上方山森林动物世界的前身——苏州动物园，始建于 1954 年 5 月 1 日，当时是江苏省仅有的两个专业动物园之一。1990 年，苏州动物园被并入东园管理处。园内设施几经变迁，但限于地形，难有发展，终究只是中型动物园规模。1999 年，由于华南虎繁殖的需要，石湖风景区的蠡岛成立了中国华南虎苏州培育基地，动物园内的华南虎全部迁入基地内饲养，基地面积约 4 万平方米。2013 年 6 月 17 日，中国华南虎苏州培育基地搬迁至建设中的上方山森林动物世界。截至 2015 年 7 月，基地有华南虎 15 只。2016 年 4 月 11 日，苏州动物园闭园搬迁，搬迁后，更名为上方山森林动物世界，面积相当于原址的 20 倍，所在地气候适宜，雨量充沛，水系丰富，且有山地、平原、湿地、河道、湖面和水塘等地貌，生物多样性较为丰富。

（3）现状分析

① 整体定位

苏州上方山森林动物世界集野生动物保护繁育、科普教育、生态游览及休闲娱乐于一体，是苏州地区唯一的综合性生境模拟展区。作为近年来新建的城市动物园，苏州上方山森林动物世界旨在为动物营造"回归自然"的家园，并按

**图 2-111 苏州上方山森林动物世界提升发展时间轴**

图片来源：作者自绘

照现代人的品位与需求，向生境化、模拟自然的方向发展，打造出观赏性、娱乐性、教育性并存的整体生态系统，充分体现"以人为本，与自然共存"的理念，强化自然美感，彰显文化内涵。动物园以一种诚实、服务大众的态度，创造了一个出色的动物世界，实现联系人、动物和自然世界的最终目标。

② 理念与特色

苏州上方山森林动物世界突出"保育、丰容、参与"三大特色，从规划选址到场地设计，均尽可能利用原有地形、植被、水体、山石等自然条件，根据不同动物的生活习性布置场馆、笼舍。扩建后的动物园设立园墙、隔离沟、安全网、电网等设施，扩大了动物室外活动范围，展馆与环境和谐统一，展示形式颇具亲和力，造就了一种生态环境的气息。

除此之外，苏州上方山森林动物世界在动物福利方面特别用心，根据不同动物的生活习性采取不同形式的温度辅助措施：炎热季节，在金丝猴笼舍室外采用喷淋喷洒降温，小熊猫室内则采用空调降温，老虎笼舍以及熊馆内有水池供动物泡澡降温；而寒冷季节，在长颈鹿馆室内提供地热、空调供暖，两栖爬行馆内采用 UVB 灯供暖[27]。

③ 布局结构

苏州上方山森林动物世界以动植物生境为主导，按基地现状进行生态培育，按不同动物的生活习性建立不同类型的生态板块，构成了可以模拟自然的动物栖息地，形成了五个展区，分别是食草类动物展区、灵长类动物展区、猛兽类动物展区、两栖类动物展区和鸟禽类动物展区，并在地理位置上形成了八个动物场馆，分别是鸟禽一区、草食一区、灵长区、草食二区、猛兽区、华南虎基地、两栖生境馆、鸟禽二区。除动物展区外，还有表演科普区、办公管理区和休闲餐饮区等配套区域。

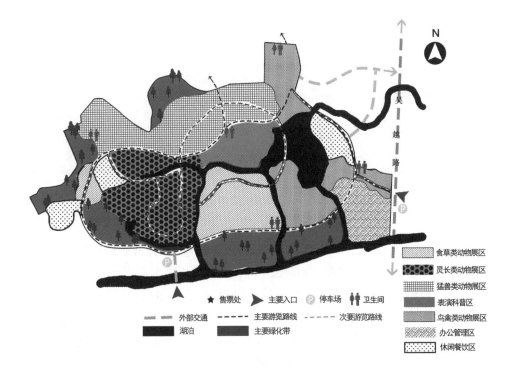

图 2-112  苏州上方山森林动物世界功能分区图

图片来源：作者自绘

④ 动物展区

苏州上方山森林动物世界内设有鸟禽区、食草动物区、灵长类动物区、猛兽区、两栖生境馆、萌宠区等多个主题性动物展区。根据不同动物的习性，园方尽量还原自然环境，呼应"向生境化、模拟自然、展馆与环境和谐统一以及展示形式颇具亲和力的方向发展"的办园理念。

a. 鸟禽类动物展区

苏州上方山森林动物世界将鸟禽区划分为鸟禽一区和鸟禽二区，鸟禽一区位于上方山森林动物世界的东南区，以饲养小型鸟类的室内展区和放养水禽的水禽湖室外展区为主；鸟禽二区位于上方山森林动物世界的东北角，饲养的物种以犀鸟和巨嘴鸟等大型鸟类为主。鸟禽一区的室内展区部分布局以串联形式为主，将鹦鹉等不同品种的观赏鸟类放进单个展示空间内，游客通过单侧的主要道路进行游览；展示空间外部以木头为主要材料，结合藤蔓造景，充分还原鸟类在树林中的原始栖息场所。在隔离方面，园区通过较为密集的十字形铁丝网与外界隔离防止鸟类逃逸,半开敞式布局也可促进通风,利于室内植物生长。内部空间分为可视区和不可视区两部分,并设置了栖架、木箱等较为充分的内部丰容,充分尊重鸟类习性,增加其安全感,避免造成其长久的视觉压力。

图 2-113　鸟禽一区外部展示　　图 2-114　鸟禽一区内部丰容　　图 2-115　鸟禽一区布局形式
　　图片来源:作者自摄　　　　　　图片来源:作者自摄　　　　　　图片来源:作者自摄

在鸟禽一区的水禽湖展区,园区将部分较为珍稀的鸟禽如丹顶鹤、朱鹮按照不同物种进行小范围圈养,圈养面积中水面面积与陆地面积比例接近 1:1,并栽种大量植被,四周以钢制围栏隔离,可以让游客非常近距离地观察到不同的鸟类。因为园内水系众多,所以园区将黑天鹅、白天鹅、灰雁、赤颈鸭等水禽进行大面积混养,以自然式布局为主,模拟其野外生长的栖息地,结合水系、植物等自然要素的运用营造出自然生态的湿地氛围。

图 2-116　珍禽小面积圈养　　　图 2-117　水禽湖　　　　　图 2-118　鸟禽一区隔离形式
　　图片来源:作者自摄　　　　　　图片来源:作者自摄　　　　　　图片来源:作者自摄

鸟禽二区以大型猛禽室内笼养形式为主,各个展室之间的布局形式与一区室内展室的形式相同,为串联式,但分布在道路两侧,游客可以从两侧游览。一区的展室总体为大型钢架结构,顶部为伞状顶棚,为防止大型猛禽逃逸以及伤人,四周以钢制长方形网格与外界隔离。每一个展室分为没有遮挡的钢架鸟笼以及较为私密的木质结构房间,两侧的连接通道可以使鸟类自由穿梭,为其提供新鲜环境和探索机会。每一个展室外侧边缘设置了突出的廊架,既增添了设计感,也为游客提供了一个遮阴纳凉的场所。

图 2-119 鸟禽二区钢架结构　图 2-120 鸟禽二区伞状　图 2-121 鸟禽二区笼舍
图片来源：作者自摄　　　　　　　顶棚　　　　　　图片来源：作者自摄
　　　　　　　　　　　　　图片来源：作者自摄

鸟禽二区的内部丰容采用本杰士堆搭建方式，用小型灌木如八角金盘或攀缘植物以及一些朽木、大块岩石造景，通过植物的缠绕打造自然且较为隐秘的栖息地，以符合大型猛禽的习性。

图 2-122 鸟禽二区内部丰容
图片来源：作者自摄

b. 猛兽类动物展区

苏州上方山森林动物世界的猛兽区区域面积比较大，分为虎馆、豹馆、狮馆、狼馆、猞猁馆以及熊馆等多个展区。由于猛兽具有凶猛、易攻击人的特点，因此猛兽区几乎都为室内展馆，以玻璃、钢架、植物等多重隔离形式与游客隔离，提高安全性。

苏州上方山森林动物世界作为华南虎培育基地，在猛兽区划分了较大面积的半开放展览区域供华南虎生活，展区外侧从外到内依次为钢制围栏、植物隔离、双层铁网以及电网，防止动物逃逸，并且不设置玻璃幕墙。内部主要以草坪、大型乔木、朽木、山石构成丰容，并在较为主要的乔木下方加上双层防护围栏，防止动物对树木造成破坏。

图 2-123　华南虎展区　　图 2-124　华南虎展区　　　图 2-125　华南虎展区内部丰容
　　　　外部隔离　　　　　　　　植物保护　　　　　　　　图片来源：作者自摄
　图片来源：作者自摄　　　图片来源：作者自摄

　　与大面积的半开放式华南虎展区不同，狮馆、猞猁馆、豹馆、熊馆都为室内展馆，呈串联式分布在道路一侧，一个展馆放置一只动物以防止猛兽之间打斗造成伤害。展馆以砖石、玻璃为主要材料，顶部设置廊架起到遮阴效果。熊馆的内部放置了干净的饮用水和小片池塘供其洗浴，场馆外侧半包围式的廊架上还种植了攀缘植物以增加景观效果，并且设置了坐凳供游客休憩。内部丰容整体与华南虎展区相同，通过草坪、大块岩石、乔木、池塘营造自然界中的生存景观。

图 2-126　串联式展区布局　　　　图 2-127　猛兽区外部隔离
　　图片来源：作者自摄　　　　　　　图片来源：作者自摄

图 2-128　熊馆内部丰容　　　　图 2-129　熊馆半包围式廊架
　　图片来源：作者自摄　　　　　　　图片来源：作者自摄

猛兽区中的狼馆是唯——一个开敞的室外展馆,采用自然坑式展区,通过抬高游客观察高度,设置围栏、植物、水系以及电网等,防止游客进入绿化带接近壕沟并防止动物逃逸。自然坑式展区不仅改变了此区域传统的室内展馆布局形式,增添可看度,而且开敞的环境也符合狼这种较小型的猛兽的习性。

图 2-130　狼馆自然式壕沟　　　图 2-131　狼馆围栏隔离　　　图 2-132　狼馆电网隔离
图片来源:作者自摄　　　　　图片来源:作者自摄　　　　　图片来源:作者自摄

c. 食草类动物展区

食草动物区的动物展馆大致分为鹿类动物展区如梅花鹿、麋鹿展区,羊类动物展区如藏羚羊、弯角剑羚等展区以及大象、长颈鹿混养展区三个部分。布局形式多为散养或半散养,采用室内与室外相结合的场馆展览方式,院落边缘以木质围栏及钢制围栏结合与外界隔离,游客既可以从外部观看动物在场地中的活动、进食,也可以与动物进行互动,增加游园乐趣。在内部丰容方面,由于食草类动物的天性,场地中以泥土地面为主,不设置草坪或者大量阔叶性乔木,仅种植一两棵乔木起到遮阴效果,底部用铁丝围合防止草食性动物啃食,再配以一些枯枝干、大型岩石、亭架增添景观性。

图 2-133　食草类动物展区　　图 2-134　游客与动　　图 2-135　食草类动物展区
　　　　　内部丰容　　　　　　　　物互动　　　　　　　　　隔离形式
图片来源:作者自摄　　　　　图片来源:作者自摄　　　　图片来源:作者自摄

羊类动物展区,采用钢琴键隔离形式,使得不同种类的羊群之间有区分但种群之间仍然可以互相看到,满足其群居生活的习性,增强其安全感,也大大节省了空间。食草动物区采用开敞的布局形式,因食草动物并不具备攀爬的特点所以顶部不设置围网。

**图2-136 羊类动物展区钢琴键隔离**
图片来源:作者自摄

　　大象与长颈鹿混养展区,分为室内展区和室外展区两个部分,室内外连接方便动物进出。室外参观台设置成不同高度,可以使游客与长颈鹿亲密接触。展区边缘设置有一米宽的壕沟并设置电网防止动物逃逸。丰容设计以草坪、大块岩石为主,并放置几棵无毒小乔木。室内展区采用透明玻璃进行隔离,可以使游客更近距离地观察大象和长颈鹿,而大象的室内展馆丰容还设置了喷水设施作为动物福利供大象使用。

| 图2-137 大象与长颈鹿混养展区不同的游览高度 | 图2-138 大象与长颈鹿混养展区内部丰容 | 图2-139 大象与长颈鹿混养展区室内展区 |
|---|---|---|
| 图片来源:作者自摄 | 图片来源:作者自摄 | 图片来源:作者自摄 |

　　d. 两栖类动物展区

　　苏州上方山森林动物世界的两栖类动物展区面积不大,以室内展箱形式为主,光线较为阴暗,饲养了各类两栖爬行类动物,如蛇、蜥蜴、龟等,各个展室呈"口"字形分布,游客透过一侧的玻璃观察箱内动物。丰容部分根据不同的两栖动物设置了不同的形式,树栖型蜥蜴的展箱内放置了栖架供蜥蜴攀爬,并使用加热灯调节温度,将三至四条蜥蜴放置在一块进行群养;蛇类则每条单独饲养以防止其互相伤害,每个展室较小以增强动物安全感,且蛇类展室放置了较大型的树木栖架、岩石等,可创造相对粗糙的表面供蛇类更顺利地完成蜕皮;为鳄鱼、龟类等喜水性动物则提供了水池等内部丰容。

图 2-140 两栖类动物
展区外部
图片来源:作者自摄

图 2-141 两栖类动物展
区展箱内部
图片来源:作者自摄

图 2-142 两栖类动物展区
内部丰容
图片来源:作者自摄

e. 灵长类动物展区

苏州上方山森林动物世界的灵长类动物展区根据种类的珍贵程度分为室内展区和室外展区两个部分。其中,室内展区饲养了金丝猴、黑白疣猴等较为珍稀的猴种,各个展室呈橱窗串联式布局,较为封闭。针对灵长类动物善于攀爬和跳跃的特点,展区顶部设置了软质编织网防止动物逃逸。内部丰容较为丰富,设置了草坪、栖架、树枝、绳索等物件供动物使用。猴在其中活跃的姿态可以吸引游客的目光,使猴类展馆总能成为动物园必不可少的景点。

图 2-143 灵长类动物室内
展区内部丰容
图片来源:作者自摄

图 2-144 灵长类动物室内展
区顶部软质编织网
图片来源:作者自摄

图 2-145 灵长类动物室内展区
外侧橱窗串联式布局
图片来源:作者自摄

灵长类动物的室外展区部分以"孤岛式"展示模式为主,外侧设置铁质围栏以及植物进行隔离,并根据此类动物惧怕水的特点设置了三米左右宽度的水域作为壕沟隔离,最外围安装电网防止此类善于跳跃的动物逃逸。内部丰容部分以层次性的山石为主体,配以凉亭、树枝、绳索等进行造景。此种布局形式也符合灵长类动物群居的特点,动物在其中交往、互动,游客可以观察到它们的自然反应,更有利于理解栖息地与动物的关系。

图 2-146　灵长类动物室外展区内部丰容
图片来源:作者自摄
图 2-147　灵长类动物室外展区湿壕沟隔离
图片来源:作者自摄
图 2-148　灵长类动物室外展区电网隔离
图片来源:作者自摄

f. 生境馆

苏州上方山森林动物世界中的生境馆是集标本展示、科普学习、游戏模拟等多种功能于一体的展馆,其地下一层为标本生境展示馆,将各种动物标本放置在野生状态下的生存场景中进行展示,如非洲草原场景、湿地场景、北极场景等,可以使游客更为近距离地了解其习性特点。

图 2-149　非洲草原生境
图片来源:作者自摄
图 2-150　湿地生境
图片来源:作者自摄
图 2-151　北极生境
图片来源:作者自摄

生境馆还设置了沉浸式影院、互动课堂等,使游客不仅可以通过视觉,而且还可以通过听觉、触觉等多角度感受动物。生境馆一楼设置了很多互动游戏设施,这种游戏形式极大地吸引了儿童的兴趣,创造了多种形式的游园体验。

**图 2-152　生境馆外部**　　**图 2-153　生境馆沉浸式影院**　　**图 2-154　生境馆互动游戏设施**
图片来源：作者自摄　　　　　图片来源：作者自摄　　　　　　　图片来源：作者自摄

⑤ 园林要素

a. 道路规划

苏州上方山森林动物世界内的道路等级划分较为明确，一级道路宽度为 5 米左右，分为中间的游览车车道以及两侧的游客车道，将整个园区外侧包围；二级道路宽度为 3 米左右，主要分布在各个展区内部，将各个展室连接；三级道路宽度为 1.8 米左右，以汀步形式的园路为主。园内铺装形式丰富，有苏州古典园林样式的卵石铺装和瓦片墙砖铺装，并选用一些动物图案作为道路铺装的图案装饰，既增加了园区的趣味性，又体现了苏州的地域文化，增加了动物园的地域文化气息。

**图 2-155　上方山森林动物**　　**图 2-156　上方山森林动物**　　**图 2-157　上方山森林动物**
**世界一级道路**　　　　　　**世界二级道路**　　　　　　**世界三级道路**
图片来源：作者自摄　　　　　图片来源：作者自摄　　　　　　图片来源：作者自摄

b. 建筑构筑物

园内的景观小品以休憩设施为主，如廊架、景亭、座椅等，材质以木材与混凝土材料为主，并根据时节增设降温设施，可以满足大量游客的需求，使游客得到较好的游园体验。

**图 2-158　休憩设施**

图片来源：作者自摄

c. 绿化造景

植物是营造动物生境的重要景观元素，其与山石、水体等自然要素共同构成丰富多彩的景观。原先的苏州动物园内整体的植物绿化覆盖率比较低，植物养护较差，在绿化种植上只是将动物园作为普通的公园绿地进行造景，缺乏动物园的特色以及特殊之处。植物品种的选择也较为单一，缺少季节性开花和观果树种，未能营造出丰富的植物群落和空间。植物的缺失既不能营造良好的景观环境，同时也使得展区中的建筑没有遮挡，完全暴露在游客的视野中。

在搬迁之后，新的苏州上方山森林动物世界中的植物景观得到了很大的提升，植物造景分为三个部分：一是道路边、拐角处的绿化部分，二是各场馆内部作为丰容的绿化部分，三是各个植物造型小品。道路绿化选用大量的乡土树种，如紫薇、黄杨、红花檵木等，乔灌草相结合，起到适应性强、减少养护成本且植物层次丰富的效果。场馆内部的植物丰容，选用无刺、无毒的植物，根据不同动物的习性布置植物，如飞禽类展馆选用一些枯枝利于其栖息；猛兽区种植一些大型阔叶乔木，起到遮阴纳凉的效果；食草动物区则种植一些叶片较少的乔木，以树枝为主，防止动物啃食。园内还根据不同的展区所展示的动物布置了众多动物造型的植物小品，极大地增加了植物观赏性，同时也更贴合动物园这类专类动物园的主题性造景手法。

图 2-159 动物造型的小品
图片来源：作者自摄

图 2-160 展馆内部绿化
图片来源：作者自摄

　　苏州上方山森林动物世界内部水系众多，各个水域相互连接形成"活水"。其中面积最大的一片水域提供划船等水上游乐设施，其余的一些大小不一的水塘作为水禽湖景观，形成一个个生态岛屿，模拟自然栖息地供鸟类生存。

图 2-161 道路绿化
图片来源：作者自摄

图 2-162 划船水域
图片来源：作者自摄

d. 标识设计

标识系统充分与动物园的主题相结合，使用绿色、橙色、蓝色等较为鲜艳的

图 2-163 标识系统
图片来源：作者自摄

颜色，辅以动物剪贴画图片，形式生动富有趣味性。各种标识在主要路口、重要展区入口处都有放置。园内的垃圾桶为两侧分类垃圾桶，与如今呼吁的四类分类垃圾桶相斥，需更改。

图 2-164　垃圾箱
图片来源：作者自摄

e. 公共服务设施

上方山森林动物世界和石湖景区的植物园、游乐园形成了一个三合一的综合性游览园。园内设置了观光电瓶车，主干道全程环线 3 千米，游线的主要节点上均设置了停靠站，共 9 个站点，采取一次买票随上随下的乘坐方式，游客可以便利地进行游览。作为一个以亲子游客为主要人群的场所，苏州上方山森林动物世界在入口处设置了儿童推车，扫码支付，方便家长使用。在餐饮方面，园内设置湖畔餐厅、综合性购物商店等商业配套设施，供应快餐、各种冷热饮品、旅游纪念品、零食等，同时配备大型地下停车场，能够较好满足游客餐饮与交通的需要。

图 2-165　游览车
图片来源：作者自摄

图 2-166　游览车停靠站
图片来源：作者自摄

图 2-167　儿童推车
图片来源：作者自摄

除了交通和餐饮服务，苏州上方山森林动物世界还十分贴心地提供了很多

图 2-168　洗手池
图片来源：作者自摄

图 2-169　隐藏音响
图片来源：作者自摄

图 2-170　临时遮阴棚
图片来源：作者自摄

其他服务,比如在各个展区入口处设置了洗手池,方便游客使用;在主要道路的草坪处均放置了隐藏在石块中的音响,播送美妙的音乐供游客欣赏;在炎热的夏天,搭建临时遮阴棚,水汽通过顶部支撑的竹管倾斜而下,给游客带来凉爽。

办公管理区是动物园内部一个极其重要的区域。苏州上方山森林动物世界的办公区设置较为隐秘,主要分布在临近展馆的一侧,以白色墙面为主,周边用乔灌木进行部分隐藏,部分工作区使用木质栅栏与外界游览区域进行隔离。在部分展区入口处,设置了木质的小房间供安保人员值班使用。

**图 2-171 办公管理区域**
图片来源:作者自摄

⑥ 运营管理

搬迁后,苏州上方山森林动物世界采取了一系列创新的运营方式,比如线上积极开展网络宣传,利用微信公众号、网址等进行动物园宣传和动物科普;线下设置免费开放日、举办爱鸟周、与节日相结合展开活动等。除开设萌宠园等一系列让游客与动物亲近的项目之外,还配置相关人员在游览过程中向游客解说有关的科普知识、介绍相关的传说典故来揭示动物界的奥秘,突出参与性与趣味性,成功提升了动物园人气。

(4)建设总结

苏州上方山森林动物世界是近些年由传统城市动物园向森林动物园改造的典范,体现了最先进的动物园造园手法。其内部的隔离形式如电网隔离、自然式壕沟隔离,良好的场馆内部丰容以及针对不同动物种类设置的各有特色的围网等均有值得各大城市动物园借鉴之处。苏州上方山森林动物世界不单以动物观赏为核心,更致力于为游客提供更丰富的体验。其作为新建造的动物园,注入的一些老式动物园所没有的科技元素如沉浸式影院项目,极大地提高了游客的参与度,从而提升了自身的竞争力。在互动方面,苏州上方山森林动物世界对性情温和、无交叉传染威胁、易与人类共处的动物实行散养或半散养方式,为游客提供亲近动物,与动物和谐共处、互动的机会和适当的环境,为其他同类动物园承担动物展览、保护教育等职能提供了良好的范本。

## 2.3 我国城市动物园的发展现状总结

本项研究在案例调研阶段选取北京动物园、上海动物园、南京红山森林动物园及苏州上方山森林动物世界作为代表，从建设全面性、理念领先性、地貌特殊性和动物园性质转型四个维度对我国现如今城市动物园的发展情况进行探讨。经过对四所动物园深入地调研和比较思考，我们得出以下几项总结：

（1）丰富的历史文化底蕴和旅游潜力

我国城市动物园大多数建于20世纪50年代，少数是20世纪70年代建立的，城市动物园具有悠久的历史文化底蕴，园内有大量历史文物古迹，具有极高的人文价值和较大的文化旅游潜力。城市动物园经过半个世纪的发展，已经形成了具有一定规模、相对稳定的动物种群，有着特殊的资源优势。城市动物园大多数都坐落在城市中心，交通便利，可以最便捷最优惠最大限度地满足市民接触自然、接触野生动物的需求，是人们特别是青少年儿童必去的旅游景点。城市动物园大多数是事业单位编制，承担着社会责任，门票都很低，一般为15～40元，市场潜力巨大，与私营的野生动物园相比竞争优势显著。

（2）规划设计与经营管理缺乏统一标准

目前，我国城市动物园在选址、规划、设计、经营等方面还没有专业的法律文件，没有统一的执行标准，加之各地行政管辖部门、财政及政策不同，致使城市动物园孤立发展、生存空间受限，这导致重复建设严重、规划设计不合理、野生动物种群发展受限、经营方式混乱等问题日益突出。传统的动物展出及经营方式已经不再适应当今社会及市场发展的需求，陈旧的动物笼舍、呆板的动物展出加上缺乏创新及市场宣传，使得城市动物园的优势资源得不到充分发挥，竞争力不断减弱。政府财政及政策的导向也是决定城市动物园可持续发展的关键因素，事实证明得到政府财政及政策支持的城市动物园都已转型成现代城市动物园，处于行业的领先水平，如北京动物园、上海动物园。然而大多数城市动物园仍属于典型的传统动物园，发展举步维艰，甚至面临搬迁和兼并的危险。

（3）机遇与挑战并存的关键局面

随着我国经济社会的快速发展，人民生活水平显著提高，人们回归自然、亲近自然、接触自然的愿望日益强烈，并将返璞归真、追求自然和感受自然作为时尚，其精神文化产品的需要提升和扩宽了城市动物园的发展空间。反之，随着城市的快速扩张，城市动物园的生存空间正逐渐缩小，相对独立的空间与野生动物的生存发展已经形成尖锐的矛盾，城市动物园随时面临着搬迁和兼并的威胁。加之国内各家动物园相对独立,野生动物资源的交换也面临着诸多问题(如种群的基因退化、近亲繁殖严重等)。还有部分城市动物园偏离主业,园内大量引进娱乐设施,这也逐渐威胁着城市动物园的可持续发展。目前,我国各项事业都处在改革的攻坚时期,在这样机遇与挑战并存的局面之中,制约城市动物园发展的各项体制也必将得到改革和调整,未来城市动物园在经营方式、财政保障、野生动物资源配置、规划设计、动物福利及保护教育等方面都将有相应的法律保障和政策支持。同时,城市动物园在自我转型、自我发展、自我提升上面临着前所未有的挑战,紧迫性和重要性也不言而喻。

## 2.4 我国城市动物园的发展问题

城市动物园具备交通便利、历史文化内涵深厚等优势,已经形成了具有一定规模、相对稳定的动物种群,有着特殊的资源优势。但随着城市化进程的不断推进和现代郊野野生动物园的兴起,城市动物园所面临的问题不断被放大。由于城市建设用地日趋紧张,动物园新物种引进与动物繁衍的需求又使动物总量不断增长,这使得园内空间日益拥挤[28],许多城市动物园被迫搬离市区,城市动物园的发展问题及其提升改造效果开始进入政府及公众的视线。我国城市动物园的发展面临着两方面的问题,一方面为建设现存问题,另一方面为已经进行过提升的动物园中出现的问题。下文将就这两方面问题进行深入探究。

### 2.4.1 我国城市动物园现存问题分析

#### 1) 城市化进程中动物园发展问题

在我国,城市动物园大多都属于事业单位由政府统一财政拨款。考虑到城市动物园的性质及其职能,在规划中城市动物园一般都位于城市近郊区,但由于城市的不断发展,原本位于城市近郊区的城市动物园逐渐靠近城市中心,部分城市动物园现阶段位于城市闹区甚至于交通节点,促使出现多种问题:

(1)城市动物园用地被限制甚至部分用地被征用,动物园的发展受到限制。城市化进程使得石家庄动物园周边可供二次开发的土地储备不足,交通体系的发展更使其面临着被道路一分为二的尴尬局面,局促的生存环境严重制约着动物种群的发展和繁衍[29]。

(2)城市动物园的存在加重了该区域的交通和发展压力。尤其是动物园入口与交通系统的连接,包括地铁口以及重要交通枢纽的建设。由于气味和叫声干扰,市民在选择居住地时不愿意与城市动物园为邻[30]。

（3）城市动物园布局上的雷同性和单一性与时代发展的潮流不符。现阶段面临提升的城市动物园都是我国在新中国成立之初在学习苏联政治文化的大背景下所建造的，20世纪后期所建造的城市动物园也是模仿早期建设的城市动物园，这些动物园从功能设置、展区分布、游线组织上基本沿用苏联城市动物园的建设模式[31]。

**2）城市动物园动物生存问题**

城市动物园的地理位置能够最大限度地满足市民方便地接触自然和野生动物的需要，但随着城市的快速扩张，城市动物园的生存空间在不断缩小，动物应享有的权益被剥夺。特别是中小城市动物园，笼舍条件往往非常简陋，动物的生存环境极其恶劣，公众难以对动物形成良好的感性认识[32]。

即便在时代发展的今天，很多城市动物园与传统的牢笼式动物园相比已经有了进步，但仍有一部分动物展区还是以牢笼式展出形式为主，面积局限性较强。虽然在一定程度上避免了恶劣的天气以及游人的不当投喂，但本质上这些动物仍然没有摆脱牢笼式的展出方式。在这些展区的动物由于环境的恶劣表现出无精打采的状态，甚至出现刻板行为。

**3）城市动物园公共空间问题**

由于我国大部分城市动物园建设于20世纪90年代前，有部分动物园是由不同性质的公共绿地改建而来，在建造之初或在建造之后很长一段时间的改建都对动物的笼舍展区较为关注，但对公共空间部分，包括休憩广场、餐厅、卫生间、小卖部的合理设计，吸烟区的划分，以及无障碍通道的布置关注度较少。由于不可抗拒的外力因素，提升前的城市动物园的景观风貌已经遭到了一定程度的破坏，园内整体景观风貌较差，局部空间色彩缺少动物园特点，在意境和功能上都与时代脱轨。其次园林小品陈旧、风格单调或凌乱，功能性较差，无法在有限的环境下发挥最大限度的作用。公园内园路级别划分不明确、缺乏引导性，植物品种较少，缺乏与动物展区的联系。尤其是近些年来生态环保设计理念的不断发展，更加促进了人们对城市动物园中公共空间的人性化设计的追求，目的在于使游览变得更为惬意和舒适[33]。

**4）城市动物园教育效益问题**

城市动物园相较于野生动物园的最大优势在于地理位置，它能够在较便捷到达的情况下为市民或游客创造一个接触自然、接触野生动物、接受相关保护教育的机会。而实际情况却是动物的基本需求不能在此得到很好的实现，并传达了人类可操控动物，人类地位高于动物的错误意识。特别是中小城市动物园，笼舍条件简陋，动物生存环境恶劣，导致了公众对动物的不正确认知，传递了"人大于自然"的错误信息。动物园所声称的保护教育职能与其展示的实际情况存在差别,公众在此接受的直观感受与所了解的保护教育相关知识产生了矛盾[34]。

保护教育水平的高低是衡量一个动物园是否先进的重要标志之一。研究表明,每个游客在动物园展区前平均逗留时间仅为 90 秒,花在动物说明牌上的时间平均只有 10 秒左右。一般常见的保护教育说明牌都设计得比较单一直白,图片配以大量的文字,介绍动物名称、分类、分布区域以及生活习性,形式上并无差异,这样的科教手段难以激发人们对动物的关注和保护意愿[35]。因此如何去设计更为吸引人停留观看的展示品或者是从根本上改进保护教育方式是值得被关注的问题。

### 2.4.2 目前提升设计存在误区分析

城市动物园由于繁殖研究要求的更新、社会的发展、需求的变化而始终处于一个发展状态,因而面临着不断地提升调整。在城市动物园的提升实践中,我们虽然积累了一定经验,但由于提升更新是一个长期而复杂的工作,加之理论指导与经验累积的不足,多年来我国城市动物园提升存在着一些不可忽视的弱点与隐忧。

#### 1) 认知误区

有些动物园在外出考察与学习的基础上,逐步用玻璃幕墙取代了栏杆或围网,用壕沟取代了网笼,展示背景也从光秃秃的混凝土墙变成了昂贵的人造岩石,这样的改造从游客参观角度来看的确取得了很大的进步,但从动物福利的角度来看则是乏善可陈。还没有对城市动物园自身现状进行总体分析与调整就急于开始设计,缺乏对整体大局的把握,也有部分动物园能够很好地与实际情况相结合以解决存在的问题。

#### 2) 定位误区

由于城市动物园的公益性,其门票收益和政府投资与维持动物园运转的资金达不到平衡。尤其是野生动物园、海洋世界等更具有吸引力的旅游目的地的出现,使得城市动物园为抢占资源提高自己的优势,不可避免地卷入商业经营中。这样以追求经济效益为主要目的,忽视保护教育职能的提升成为城市动物园的通病。为了追求片面的经济效益,通过投资后期维护较为简单的游乐设施来提高人气和经济效益成为动物园发展的主要方向[36]。甚至有些动物园出于经济原因,招揽了一些个体动物饲养团体在动物园开展"特殊的"动物展示,这种展示形式往往更加不堪,游客参观后几乎不会获得任何有益的体验。

### 3）方法误区

方法误区主要表现在改造的应急性与表面性上。一方面表现在对城市动物园出现的严重的、紧急性问题进行快速的整治，这是一种表面的、局限的做法，为后续的发展埋下了隐患。另一方面表现在仅对城市动物园物质层面进行改造，城市动物园的发展除了物质层面的更新，如基础设施、展区更新，更需要专业的团队进行保护教育效益、管理体制、营销策划等多方面的提升研究，只有这样才能从根本上去解决其发展问题[37]。

## 2.5  本章小结

本章首先对城市动物园的相关概念及理论基础进行了详细梳理，包括动物园的定义及分类，引出城市动物园的概念、城市动物园与传统动物园的区别。其次为进一步突出本书的核心——城市动物园提升理念，对提升设计的概念与基本类型进行了初步的阐述，提出了对城市动物园进行提升设计的必要性、特殊性，使读者初步认识城市动物园，并为后续的提升设计提供了理论支撑。

通过对城市动物园的基本阐述，可以认识到不同地域、不同经济发展水平下城市动物园发展的差异性，因此本章选取了四个具有代表性的城市动物园进行了实地的调研分析，分别是北京动物园、上海动物园、南京红山森林动物园和苏州上方山森林动物世界，其各代表着中国最早建成、经济中心、特殊地形风貌和集合了最先进的动物园造园手法的四大动物园。通过对四个动物园的线上资料收集以及线下实地考察总结其发展中的优缺点，对城市动物园的提升方法起指导作用。通过调研可以发现北京动物园作为中国第一个动物园，由于年代较久，虽偶有改建，但动物种类的分类布局方式较为落后，大多数动物仍处于笼养状态，牢笼式展馆是新型城市动物园建造时需要避免的，但是其公园与动物园的融合方式、充满生态性的休闲环境是值得学习和借鉴的，可以作为传统动物园的典型代表。上海动物园对园林空间进行了塑造，重点关注动物生存福利，通过动物展区的提升优化动物的生存环境，并通过新型材料的运用体现出一定的现代感，这些建设手法对城市动物园的提升具有一定的指导意义。南京红山森林动物园是山地自然风貌，动物展馆依山而建，是城市动物园中拥有优越外部条件的典型，并且红山森林动物园以开放式展区为主，少有笼养式展馆，与周边环境结合紧密，体现了传统动物园向城市动物园的转变，但是红山森林动物园基础设施较差，尤其是在科普教育方面缺少先进的网络科技手段，服务配套设施缺乏，在这些方面与先进的城市动物园仍有一定差距。苏州上方山森林动物世界近两年从传统动物园向城市动物园转变,代表着中国目前最先进的动物园造园手法,其隔离形式、内部丰容均值得各大城市动物园借鉴,并且其不单纯以动物展示为核心,其充满现代感和沉浸式的科普教育手法、互动性十足的体验项目是城市动物园在提升时良好的范本。

在对四个动物园调研考察后,将所记录的资料进行梳理,可以对我国城市动物园的发展现状有个大致的了解。例如对我国城市动物园的发展现状进行总结,可以得出我国城市动物园具备丰富的历史文化底蕴和巨大的旅游发展潜力,但是城市动物园普遍存在着基础条件落后、动物展示不合理、教育性和互动性较差以及生态发展不足等问题,缺乏创新以及市场宣传。在这个经济快速发展的时期,人与动物和谐相处始终是一个需要解决的问题,城市动物园在转型提升上面临着巨大的挑战。

本章最后提出了我国城市动物园现存的发展问题,具体有城市动物园与人类居住区的关系问题、城市动物园动物的生存质量问题、城市动物园公共空间基础设施的问题以及城市动物园在保护教育方面的问题,并归纳了现有状态下城市动物园建设中存在的认知误区、定位误区以及方法误区等三大提升改造中的误区,为后续动物园的提升设计方法优化提供了参考与借鉴。

## 参考文献

[1] 刘迪,黄国飞. 博物馆和动物园的渊源与分野[J]. 大众考古,2015(07):53-56.

[2] 张恩权. 动物园的发展历史[J]. 科学,2015(02):4,20-24.

[3] 刘扬,李文,徐坚. 城市公园规划设计[M]. 北京:化学工业出版社,2010:89-90.

[4] 鲁敏,李东和,刘大亮,等. 风景园林绿地规划设计方法[M]. 北京:化学工业出版社,2017:177.

[5] 卢新海,杨祖达. 园林规划设计[M]. 北京:化学工业出版社,2005:214-215.

[6] 吴鹏. 城市公园改造中文化的延续——以南昌市人民公园改造项目为例[D]. 长沙:中南林业科技大学,2009.

[7] 刘丹. 城市综合性公园改造探析[D]. 南京:南京农业大学,2014.

[8] 董梁. 城市滨河公园景观改造设计研究[D]. 泰安:山东农业大学,2012.

[9] 陆海根. 杭州动物园改造规划与建设研究[D]. 杭州:浙江大学,2012.

[10] 肖方,杨小燕,杜洋. 中国的动物园[J]. 科普研究,2009,4(05):69-73.

[11] 肖伟,王忠海,罗晨威,等. 北京动物园狮虎山屋舍结构改造及加固[J]. 工程抗震与加固改造,2019,41(03):149-153.

[12] 崔雅芳. 两栖爬行动物馆环境设计以北京动物园两栖爬行馆改造项目为例[J]. 风景园林,2016(9):16-22.

[13] 沈志军,白亚丽. 基于SWOT分析法的南京红山森林动物园发展战略分析[J]. 野生动物学报,2011,32(6):349-353.

[14] 徐学群,沈志军. 南京红山森林动物园发展环境评析[J]. 绿色科技,2011(10):178-181.

[15] 许月兰. 上海动物园的历史建筑与园林设计研究与教育——以象宫为例[J]. 艺术科技,2019(10):50-51.

[16] 陆红梅,白稼铭. 上海动物园:生态与人本齐飞[J]. 园林,2012(9):84-88.

[17] 王俊杰. 基于动物友好理念下的现代动物园规划研究——以上海动物园总体改建规划为例[J]. 中外建筑,2018(05):120-123.

[18] 郭红梅. 上海动物园乡土景观和乡土动物展区设计[J]. 上海建设科技,2018,229(05):67-69.

[19] 甘卫华. 城市动物园的生态设计[J]. 科技视界,2012(12):267-270.

[20] 刘思敏. 论我国城市动物园的出路选择[J]. 旅游学刊,2004(05):19-24.

[21] 徐学群,沈志军. 南京红山森林动物园发展环境评析[J]. 绿色科技,2011(10):178-181.

[22] 沈志军,白亚丽. 基于SWOT分析法的南京红山森林动物园发展战略分析[J]. 野生动物,2011,32(06):349-353.

[23] 郝霞. 浅析熊猫馆环境建设——以南京市红山森林动物园为例[J]. 城市建设理论研究(电子版),2018(34):64.

[24] 郝霞. 浅析猩猩馆环境建设——以南京市红山森林动物园为例[J]. 价值工程,2018,37(29):186-188.

[25] 刘霞利. 南京红山森林动物园营林改造技术[J]. 江苏林业科技,2000(S1):99-100.

[26] 陈苑文. 动物园导示系统设计研究[D]. 南京:南京工业大学,2013.

[27] 陈晶. 苏州动物园搬迁中动物应激的发生及对策[D]. 苏州:苏州大学,2017.

[28] 宋利培,牟宁宁,崔雅芳,等. 北京动物园植物多样性调查分析[J]. 农业与技术,2016,36(22):184-185.

[29] 万林旺. 上海市动物园改造规划设计[J]. 建筑设计管理,2011,28(06):64-66,74.

[30] 魏迎涛. 上海动物园生态环境对动物疾病防治的影响[D]. 南京:南京农业大学,2005.

[31] 王兴金. 毋忘社会责任 探索动物园现代转型之路[J]. 广东园林,2012,34(1):4-6.

[32] 师婧,刘安荣,钟源,等. 应用SWOT分析法探讨我国城市动物园的可持续发展[J]. 安徽农业科学,2015,43(11):132-133.

[33] 袁业飞. 城市动物园之困 我们需要什么样的动物园[J]. 中华建设,2017(03):20-23.

[34] 徐然. 山地城市中心区公园改造规划研究[D]. 重庆:重庆大学,2011.

[35] 康兴梁. 动物园规划设计[D]. 北京:北京林业大学,2005.

[36] 王华川,顾正飞. 基于生态理念的现代动物园设计趋势及建议[J]. 中国园艺文摘,2010,26(03):72-74.

[37] 胡超,张垚. 公园改造存在问题与对策探讨[J]. 南方农机,2017,48(06):187-188.

# 第三章

# 城市动物园提升设计方法研究

　　本章共分为三部分,首先阐述城市动物园提升前的前期理论规划,包括规划依据、规划原则、规划目标,起到一定的指导作用;其次明确具体的提升设

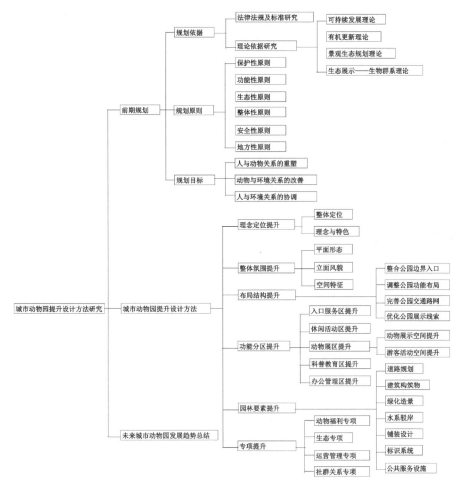

**图 3-1　第三章研究框架**

图片来源:作者自绘

计方法，包括理念定位提升、整体氛围提升、布局结构提升、功能分区提升、园林要素提升以及专项提升；最后对未来的城市动物园发展趋势进行总结。

# 3.1 前期规划

## 3.1.1 规划依据

### 1）法律法规及标准研究

近年来，与动物园相关的法律法规以及指导标准都在不断地完善过程中。尽管由于我国城市动物园的发展起步较晚，其相关法规及标准还未能完全契合本行业的发展，但仍然能够为现阶段城市动物园的提升设计提供一定的要求以及指导建议，以作为其规划建设的相关依据。

表 3-1　动物园规划相关法律法规

| 名称 | 类型 | 时间 | 规定的相关内容 |
| --- | --- | --- | --- |
| 《城市动物园管理规定》 | 法律法规 | 2011 年 | 动物园的规划和建设 |
| 《城市绿化条例》 | 法律法规 | 2017 年 | 城市新建、扩建、改建工程项目相关要求 |
| 《中华人民共和国野生动物保护法》 | 法律法规 | 2018 年 | 强调保护教育的重要性 |
| 《关于进一步加强动物园管理的意见》 | 行政法规 | 2010 年 | 着力解决当前动物园行业存在的突出问题 |
| 《中华人民共和国科学技术普及法》 | 法律法规 | 2002 年 | 保护教育实施的必要性和实施对象 |
| 《中华人民共和国环境保护法》 | 法律法规 | 2014 年 | 保护生物多样性 |
| 《全国动物园发展纲要》 | 行政法规 | 2013 年 | 明确动物园发展相关内容 |

注：作者自绘

表 3-2　动物园规划相关标准

| 名称 | 类型 | 时间 | 主要内容 |
|---|---|---|---|
| 《公园设计规范 GB 51192—2016》 | 国家标准 | 2016 年 | 公园通用的设计及改造规范 |
| 《动物园设计规范 CJJ 267—2017》 | 城镇建设工程行业标准 | 2017 年 | 详细的动物园设计规范 |
| 《动物园管理规范 CJJ/T 263—2017》 | 城镇建设工程行业标准 | 2017 年 | 详细的动物园管理规范 |
| 《动物园术语标准 CJJ/T 240—2015》 | 城镇建设工程行业标准 | 2015 年 | 详细的动物园术语 |
| 《中国动物园道德规范和动物福利公约》 | 中国动物园协会规范 | 2012 年 | 道德规范和动物福利要求 |
| 《城市园林绿化评价标准 GB/T 50563—2010》 | 国家标准 | 2010 年 | 相关评价标准 |
| 《城市绿地分类标准 CJJ/T 85—2017》 | 城镇建设工程行业标准 | 2017 年 | 动物园分类依据 |

## 2）理论依据研究

表 3-3　动物园规划理论依据

| 理论名称 | 与本研究的关联 |
|---|---|
| 可持续发展理论 | 可持续发展理论作为新时代城市建设的重要指导理论,强调人与环境的和谐共处。它能够指导城市动物园在提升改造中协调人与动物的关系,引发公众对自然的关注 |
| 有机更新理论 | 作为兼具整体与局部、现在与未来的规划理论,有机更新理论能够兼顾城市动物园自身的背景、游客的需求、发展的定位,将整体性与保护性等原则融入其中 |
| 景观生态规划理论 | 景观生态规划理论综合生态学、地理学、社会学等多学科知识,能够在城市动物园提升改造中正确指导经济、动物保护和教学等功能的关系,达到人与自然的和谐 |
| 生态展示——生物群系理论 | 生物群系理论能够指导城市动物园展览设计,根据动物、气候与植物习性的相互关系模拟栖息地环境,既使游人有身临其境之感,又能够实现动物福利的提升 |

注：作者自绘

（1）可持续发展理论

我国在《中国 21 世纪议程》中将可持续发展列为我国在新世纪中的发展目标，继而其成为我国建筑、城市规划与风景园林学科的发展指导方针。它的内容以可持续发展、可持续发展策略、可持续发展方法为主，强调可持续发展是一个人类与环境和谐共处的过程[1]。

在大部分发达国家中，城市的发展往往伴随技术的革新、文化的繁荣，一个城市中动物园的发展也是这个城市经济、文化、科技和现代化的多方面综合反映。动物园从以圈养动物、娱乐人类为主的娱乐性场所逐渐向以保护教育为主的综合性场所改变。城市动物园提升设计相比于其他类型的城市公园提升设计最大的差别在于主客问题，在这里，设计对象同时包括了动物和人。

在指导动物园的改建、迁建或新建时，不是单纯意义上的增加面积或者是扩充功能，而是以自然为设计载体，以可持续发展为设计目标，以动物为设计主体，以此通过动物园的建设来打造一个人、自然、动物三者亲密接触的空间。合理地展示动物，合理地利用其自身的保护信息，以此来引起公众对自然的关注，从而保证这些圈养动物的野外同类的自然栖息地得到保护，这是可持续设计的最终目的。

（2）有机更新理论

我国的规划理论发展在城市更新层面受到了西方现代主义理论的影响。我国的有机更新理论是在吴良镛教授领导的研究中逐渐形成的，此理论在菊儿胡同住宅改造中得到实践。吴良镛教授在其《北京旧城与菊儿胡同》一书中提到"所谓'有机更新'即采用适当规模、合适尺度，依据改造的内容与要求，妥善处理目前与将来的关系，不断提高规划设计质量，使每一片的发展达到相对的完整性，这样集无数相对完整性之和，即能促进北京旧城的整体环境得到改善，达到有机更新的目的[2]"。有机更新理论强调更新的前提是将更新置于一个整体的基础上。城市动物园的产生、发展都有其自身的历史、社会与自然背景，设计师对城市动物园的提升应该基于对场地的认知、游客的需求、发展的定位等多方面进行联系性的思考，从而总结相关的可操作思路。这个环节其实和旧城更新理论相似，城市动物园的提升环节同样离不开整体性、保护性等基本原则。

（3）景观生态规划理论

根据相关学者的现有研究，景观生态规划理论的内涵可总结为以下几点：一、它涉及景观生态学、生态经济学、人类生态学、地理学、社会政策法律等，具有高度综合性。二、它建立在充分理解景观与自然环境的特性、生态过程及其与人类活动的关系基础上。三、其目的是协调景观内部结构和生态过程及人与自然的关系,正确处理生产与生态、资源开发与保护、经济发展与环境质量的关系,进而改善景观生态系统的整体功能,达到人与自然的和谐。四、它强调立足于当地自然资源与社会经济条件的潜力,形成区域生态环境功能及社会经济功能的互补与协调,同时考虑区域乃至全球的环境,而不是建立封闭的景观生态系统。五、它侧重于土地利用的空间配置。六、它不仅协调自然过程,还协调文化和社会经济过程。

目前,景观生态规划尚无公认确切的定义。我们认为景观生态规划是应用景观生态学原理及其他相关学科的知识,通过研究景观格局与生态过程以及人类活动与景观的相互作用,在景观生态分析、综合及评价的基础上,提出景观最优利用方案和对策及建议[3]。在动物园的规划设计过程中,景观生态规划理论的融入可以强调景观资源和环境的特性,强调人是景观的一部分以及人类对环境干扰的缓解。

(4) 生态展示—生物群系理论

生态展示—生物群系理论在城市动物园设计中的应用体现在:将适合同类生存的栖息地重要环境因子提取出来,以此在展示设计中尽最大可能来表现动物在自然中的生活环境[4]。动物的栖息环境可简单地分为森林、草原、沙漠、海洋等,当然栖息环境可以根据气候与植物习性的相互关系再加以细分。动物与植物相互依存的关系形成了一个典型的基本群系,而这一群系恰恰就是设计者应利用表现的。通过这样的设计,全球大范围内的动物园都进行了相应的展示更新,以各种模拟原生地生态环境的方式代替原先缺乏动物福利考虑的家畜化的笼舍式展示方式。这一方面使游人走进展区有一种身临其境之感;另一方面动物的生存条件得到巨大的改善,生活习性得到满足,成活率和繁殖率得到明显改善。

### 3.1.2　规划原则

城市动物园既是一个集动物保护、科普教育、科学研究和娱乐休闲于一体的公园,同时又是一个展示动物与其生境的自然博览中心,合理的功能排布、氛围营造与造型设计能为人们展示各种各样的自然信息。以下是城市动物园提升中的基本原则:

#### 1) 保护性原则

保护性原则是指在保护和尊重原场地风貌以及场地人文记忆的基础上进行提升设计。从另一个角度来说,提升本质上是一种保护利用,是对原有景观的保护,也是对场所精神的延续,必须以"保护"为核心。保护体现在多个方面,包括对公园内具有历史价值、文化价值的建筑物、文物、遗址以及具有纪念价值的场所的保护，对传统格局和肌理的保护，对植物景观、园路铺装、水系驳岸的保护，保障生态效益的有效发挥[5]。

保护性原则对城市动物园规划设计的指导主要体现在园林要素的提升设计中。一方面，在植物配置中应当对场地内原有植物进行充分利用，并积极使用乡土植物，不可为美化环境随意引入外地植物进行栽培。另一方面，应当对场地内部原有的建筑、文物及其他园林要素进行保护与充分利用，在城市动物园中塑造独一无二的氛围与空间特征。

**2）功能性原则**

城市动物园作为城市公园中专类公园的一种，相对于其他城市公园，具有其独特的功能要求。它除了需要满足各类游客在此的基本休憩、游玩的需求，充分发挥其作为城市公园的作用外，还要保证动物福利的实现，保证保护教育工作的顺利开展，在一定程度上满足人与动物的双重需求。由于承担的任务具有多样性和复杂性，城市动物园的功能涵盖内容、分布要求更为严格，它以更加有利于动物的饲养、管理、繁殖、展出以及公众游览为主要目标。

在城市动物园提升设计中，功能性原则能够有针对性地指导分区规划，功能性的满足是动物园在建设以及提升中的基本要求。如动物展览区、游人休息活动区、服务区、办公行政区以及后勤生产区等都要基于现状进行合理的规划设计；商业服务要与游人休息活动空间相结合，既要相互联系也要做到互不干扰；动物驯养、治疗、研究以及后勤等要远离主要展览区[6]。

**3）生态性原则**

生态优先原则的被重视与应用是促进传统经济向绿色经济转变的一大因素。在城市动物园的提升中，可持续的生态设计能够最大限度地保存城市动物园的原有场地要素。该原则不仅是植物造景设计的手法，而且是在设计过程中以生态学为指导思想之一，使得结果既可以满足人类对公园的基本需求又可以满足环境生态要求的手法[7]。

生态性原则要求城市动物园在提升改造中合理利用公园的建筑、植物、水等要素，选用合适的乡土植物，注重保护生物多样性，保护和建立良好的生态环境。不能因短期可见的经济效益而忽略了根本的长远的生态效益。尤其是在城市动物园这样的一个环境下，如何通过合理的动物展区排列以及环境营造，切实落实生态保护的原则，是打造新时代现代动物园的重点之一。

**4）整体性原则**

城市动物园的提升设计是一个连续性的长期工作，在每一个提升工作阶段,设计一方面必须满足社会功能,符合自然规律,遵循生态原则,另一方面也要与公园整体环境相符合。在城市动物园提升设计中,整体性原则要求兼顾整体与局部、过去与未来,从布局结构、功能分区到园林要素,都要注重与原有状况的连接和与城市动物园整体环境的协调,最终达到一个新的动态平衡。

### 5) 安全性原则

城市动物园的提升要注意动物展览、饲养管理与游人游览的安全性。首先,在对原有动物场馆进行提升时,要保证动物在转移场馆中的安全。其次,提升设计中除了要考虑动物的生活习性、适宜的生存环境以及一系列动物福利措施,同时也不能忽略动物的野性与迫害力。既要考虑饲养空间中饲养员的安全,也要考虑展示空间中游人的安全。应当对笼舍、隔障的宽度、类型做出合理的配置,同时增加防止游客投喂、投掷的措施,保护动物和游人双方的安全[8]。

### 6) 地方性原则

城市动物园的提升应当注重本地的自然条件、气候特征以及动植物资源,利用城市多变的特殊小气候环境,遵循植物生长发育规律,多挖掘当地的优良树种,因地制宜设计园林绿地,保持园林绿地的相对稳定和季相变化[9]。同时,应当根据动物野生状态下的植被状况进行动物展览区绿化设计,既要创造适合动物生存的环境氛围,又要满足游客休憩、遮阴的需求。

## 3.1.3 规划目标

与城市公园设计目的和服务群体不同,城市动物园的优势是与众不同的展示内容以及其肩负的社会职能,其提升设计是一个复杂而长久的过程,需要完善设计团队,提升设计观念,紧密结合时代潮流。动物园的更新设计包含了三个层面:人与动物的关系、动物与环境的关系和人与环境的关系。动物、人与环境是动物园规划设计的三元素,体现了城市动物园规划设计的三个主要目标:以动物为目标,要求保护和繁育动物,提高动物福利;以人为目标,强调满足人类教育、休闲、娱乐的需求;以环境为目标,为动物和游客创造良好的生态体验环境,最终实现归于自然、融于自然、人与动物和谐共处[10]。

### 1) 人与动物关系的重塑

在动物园的发展过程中,动物展出经历了笼养式、场景式、放养式等方式。场景式和放养式的动物园逐渐摆脱旧式的笼舍展出形式,向着"沉浸式景观"发展。如今,动物园的任务是提高公众的保护意识,提升动物园的吸引力,使之受到公众的尊重,并向公众展示这些动物和与其处于同一自然栖息地的其他物种以及栖息地本身之间相互依赖的关系。动物园所承担的社会功能已由过去的娱乐型功能向自然保护功能转变,综合保护成为现代动物园的中心任务之一;动物展示方式也由过去的动物个体展示向动物综合展示转变,更加强调生物多样性保护、生态系统价值和可持续性发展在社会发展中的重要作用,以及地球生物命运共同体的概念。

**2) 动物与环境关系的改善**

受面积和所处位置限制,城市动物园中的动物生活环境往往不能与野生状态相提并论,需尽可能在保护和完善生态自然环境状况下,模拟各种动物的原生态生存环境,为本地的野生动物和本土植物提供天然的庇护所。因此,动物园应注重生态景观的营造,充分利用现有的生态资源,尽量选择本地物种,追求动物展区景观的生态化。同时采用全新的观赏理念,为人们提供与动物亲密接触的观赏方式,并加强动物科普教育,充分发挥动物园的作用,满足城市物质和文明发展的需要,提升城市的人文价值。

**3) 人与环境关系的协调**

随着人们生态保护意识的增强,人们对感受户外环境的渴望越来越强烈,而野生动物资源却越来越难以获得,这些情况逐渐给动物园管理者提供了新的经营理念。动物主题公园的设计,需要动物和人都和谐地融入环境,使游人愉悦地游览和观赏,动物自由地生活和嬉戏。

只有同时满足以上三大目标,才能对城市动物园的特殊性做出合理反映,积极改善动物生存环境,充分发挥保护教育效益。城市动物园管理者应采取合理措施,使得城市动物园在提升后既保留原有特色与风格,同时也能推陈出新,体现时代的风貌,满足公众的需求,展示出强大的生命力。

## 3.2 城市动物园提升设计方法

城市动物园提升和从零开始有较大差异,根据提升类型、资金投入、时间长短的不同,所要做的工作及工作重点都不一样。对总体规划而言,城市动物园提升设计的内容包括理念定位、整体氛围、布局结构、功能分区、园林要素及各专项的提升工作,专项又分为动物福利专项、生态专项、运营管理专项和社群关系专项,以动物、游客、经营者等多个主体为出发点,对城市动物园进行提升设计。

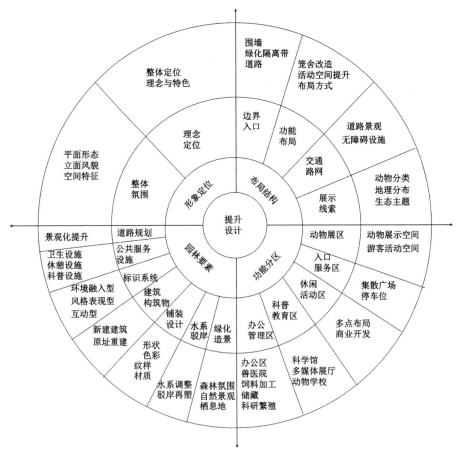

图 3-2 城市动物园提升设计示意图

图片来源：作者自绘

## 3.2.1 理念定位提升

### 1）整体定位

早期城市动物园建设的主要关注点是动物展示，对动物福利、教学科普等功能较为忽视。随着动物福利概念的提出和人们对动物园认知的不断变化，城市动物园定位中对动物关怀和科普教育的缺乏越发明显，定位问题严重影响了城市动物园功能的实现，对动物园整体定位进行提升刻不容缓。

城市动物园整体定位的重塑是一切设计的出发点和核心，整体定位应当综合考虑多方面要素，如动物园所在城市的具体实际情况、场地资源现状、景观环境风格、园区展示主题、运营模式等。城市动物园整体定位重塑环节，应当结合时代背景、动物园职责与动物园经营管理需要，重新明确城市动物园的发展方向，将动物保护、科普教育、科学研究与游憩娱乐等功能融入动物园定位中，为动物园整体氛围的提升设计提供依据。

城市动物园整体定位的更新能够使其更好发挥本职功能，既能够将城市动物园建设成为人、动物与环境和谐一致，风景优美，设施完备，生态环境良好，景观形象和游览魅力独特的人与动物共同的乐园，又能够将其作为整个城市片区及大旅游区的有机组成部分，从而为城市及其周边的居民提供更好的生存环境，改善市民的生活环境。

**2）理念与特色**

理念选择与特色确定是城市动物园整体氛围提升的基础，也是后续展览设计、专项设计的依据。我国许多城市动物园建设年代较早，或多或少存在建设理念与特色和时代脱节的问题，难以紧跟时代发展和城市建设的要求。同时，早期城市动物园规划特色不够鲜明，缺乏吸引人的主题建设，难以在如今竞争越发激烈的环境中脱颖而出。

城市动物园理念与特色提升，应当把握时代发展新方向、城市建设理念的更新、城市动物园建设的新热点，将生态、可持续、动物保护等原则落实到提升设计之中，使城市动物园能够更好地契合可持续发展、有机发展等要求，适应城市建设的大环境。同时，不同地区的城市动物园可以结合当地的风土人情、文化传统注入独特的元素，打造出动物园的专属形式，提升主题性与特色性。而不同气候条件下的城市动物园，也需要根据不同的气候种植适宜的植物，为动物创造舒适的环境。

城市动物园理念与特色的提升可以为后续平面形态、立面风貌和空间特征的提升设计提供指导，打造城市动物园独特的整体氛围，实现其经济效益、社会效益的统一。

### 3.2.2 整体氛围提升

**1）平面形态**

城市动物园平面形态设计，应当对绿化、水系、道路系统等要素进行合理排布，从骨架层面奠定园林整体氛围。作为城市公园绿地的一种类型，城市动物园的平面形态仍以水绿格局为主要基调。

水体景观是凸显园区特色的重要元素，应将园内水体作为整体进行统一设计，不同水体间通过桥梁衔接，在景观视线较好的水面交界处取消涵洞增设桥梁，增强水系连接并丰富水面景观。

　　绿化环境设计更会直接影响动物园整体景观效果,这就要合理配植,充分发挥植物的景观效果。在继续保持园区独特的园林景观的同时,创造并培育以动物生境为特色的自然景观。园林景观要精致,自然景观和动物展区要自然,有野趣,能够反映动物园的生物多样性,充分体现春景秋色的自然过程。这种平面布局的差异形成了当前动物园的氛围差异。

　　例如上海动物园位于水网纵横、湿地资源丰富的华东地区。因此,整个园区的规划始终以"湿地风貌"为基调,充分体现乡土湿地以及田园绿岛风貌,营造出极具上海地域特征的景观。上海动物园根据场地特点及动物栖息地要求,在规划场地内融入湖面、水网、溪流、岛屿等。

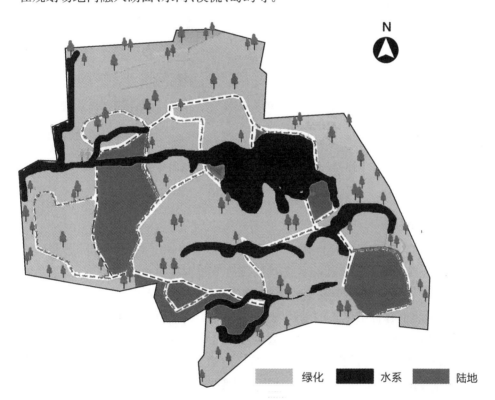

N

绿化　　水系　　陆地

**图 3-3　上海动物园水绿格局分析图**

图片来源:作者自绘

　　同在华东地区的南京红山森林动物园由于其选址的特色又具有不同的形态。园内有大红山、小红山、放牛山诸座山峰,最高海拔为 81.8 米,陆地面积较大,绿化覆盖率达 85% 以上,其中雪松、银杏、白玉兰、香樟、水杉、红枫等构成了其独特的山地园林风景,局部亦有较大面积的由山地汇水而形成的水面。

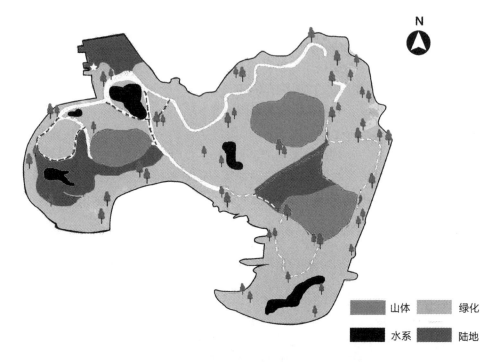

N

| 山体 | 绿化 |
|---|---|
| 水系 | 陆地 |

**图3-4　南京红山森林动物园水绿格局分析图**

图片来源：作者自绘

**2）立面风貌**

平面结构反映动物园整体风貌，而立面形象决定了游览的沉浸感和融入感，立面景观的提升与整改在传统动物园改造过程中可操作性更强，效果更精准。立面风貌的改造主要从地形地貌、植物和建筑三大元素入手。

动物园中有种类繁多的动物，其原栖息地自然条件各不相同，动物的生存需要生活习性和生存环境相适应，故风貌塑造应当首先从地形地貌入手，模拟动物原本的生境。动物园立面风貌改造，应当丰富园内地形地貌，将山峦、平地、水体等要素与动物相对应，将动物展区融入山水之中。这样既能为动物提供适宜的生存环境，又能够营造动物与栖息地浑然一体的沉浸式展区，让游客在参观中体验动物园独特的自然之美。

对城市动物园而言，地形地貌塑造有较大局限性，应当充分利用植物等要素，营造独特的生态环境。在动物展区中，应当选择与动物习性相适应的植物，通过对选择的植物进行配置，营造出动物所需的自然环境，满足动物生长繁衍的需要，实现城市动物园展区的生态多样化。植物配置应当做到高低错落，乔、灌、草比例适宜，人工绿化与地形地貌融为一体，营造自然古朴的园林氛围。

作为立面风貌营造中最具人工气息的要素,动物生活区和馆舍建筑的立面改造应当与周边环境相和谐,建筑装修可采用自然、简洁、亲和力强的材料,如以石材、木材、防水涂料为主要选材。立面风貌营造要注重动物园以景观取胜的特点,充分将地域特色融于建筑之中。建筑营建应突出自然、园林、景观的理念,力求用植物、景观来削弱建筑的突兀感,避免建筑喧宾夺主,使建筑与园林相映成趣,共同构成动物园的自然景观。

从上述三者入手,为动物和游客提供置身自然之中的生存环境和游览体验,充分营造动物园独有的立面风貌,提升园内整体氛围。

图 3-5　城市动物园立面景观示意图
图片来源:作者自摄

### 3）空间特征

与城市公园设计目的和服务群体不同,动物园的空间设计包含了三个层面:人与动物的关系、动物与环境的关系和人与环境的关系。设计者划分空间时需认清动物园的主体空间应指动物使用的空间,划分标准取决于空间使用者对空间使用时间的长短。动物的所有活动都是在空间内完成的,而游客在此只是进行简短的游览。在空间设计的初始阶段,设计者应对空间使用者的数量、习性等最基本的情况进行深入的调查。而人所使用的客体空间是独立于主体空间的参观空间。在空间设计时,两个空间既可以是相互独立的,也可以相互渗透。客体空间区别于主体空间的最大特征在于流动性,因此空间内动线的合理组织是设计者要考虑的要素。

哥本哈根动物园熊猫馆的概念设计在现有建筑之间完美地利用了场地条件,利用太极图案划分出一个巨大的环形空间,且太极的符号为雌性和雄性大熊猫创造了独立的空间。建筑和部分地形从"阴"和"阳"的两侧抬升,形成地下的观赏空间,同时创造一个倾斜的地面,使大熊猫自然地面向游客。在此空间中,大熊猫没有从遥远国土被邀请而来的疏离感,栖息地为它们提供了自由和最自然的生活环境,而人类则像是熊猫请来的宾客。

**图 3-6　哥本哈根动物园熊猫馆**

图片来自网络 http://art.china.cn/products/2017-03/29/content_9413977.htm

### 3.2.3　布局结构提升

**1）整合公园边界入口**

城市公园的发展是一个逐渐从封闭式向开放式转变的过程,与一般城市公园的发展不同的是,城市动物园的特殊性致使其外部必然呈封闭状。整合城市动物园与城市格局的关系,应从城市动物园自身边界与城市的关系以及出入口的重新设置两个途径着手,具体方法如下：

（1）动物园界限

随着城市动物园改建提升工程的相继推行,动物园的平面形式发生了改变。如在 1950—2011 年期间,北京动物园的面积、范围都发生了巨大的变化。而动物园的围墙、墙外绿化隔离带和内侧环形路都是在动物园提升设计中需要思考的问题。

**表 3-4　北京动物园平面变迁**

| 1950 年 | 1970 年 | 1980 年 | 1990 年 | 2000 年 |
| --- | --- | --- | --- | --- |
|  |  |  |  |  |

注：作者根据北京动物园历年地图（导览图）整理

动物园的边界具有安全保卫功能,是园内景观与城市的视觉隔离地带,还是防止动物逃脱的最后一道防线和传染性疾病防疫的防护地带。在较早的城市动物园设计中,设计者对围墙的功能了解局限于防止动物逃逸,对其作为各类传染疾病的保护屏障以及自然景观与城市景观的视觉屏障的了解较少,从而造成了很多动物园在建设管理过程中对这道防护隔离视觉带的忽略。

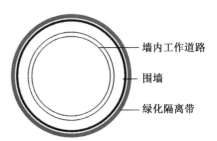

城市动物园与城市的边界共分为三层,围墙为实体,高度应达到3米,围墙外的绿化隔离带应由内到外种植高大的乔木、灌木以及草皮,宽度应不少于10米,隔离带外的道路按照人行路、车行路的顺序建设。而墙内的道路主要负责动物园内部的运营管理维护。

图 3-7　动物园的边界平面图

图片来源:作者自绘

图 3-8　动物园的边界剖立面图

图片来源:作者自绘

（2）出入口设置

国家标准《公园设计规范 CJJ48-92》第 2.1.4 条明确指出:"公园主要出入口的位置,必须与城市交通的游人走向、流量相适应,根据规划和交通的需要设置游人集散广场。"城市动物园的游览大门应当参考动物园位置与城市人流来向,尽可能靠近市政要道和公共交通站点,并选取较为开阔的地带设置停车场与入口集散广场。工作大门则依据动物园实际运营需要设置,多选择与游览大门有一定距离的方位,将工作大门与游览大门分开是后期良好运营管理的保障。

在提升改造中，设计者应当根据城市动物园的现状对游览大门进行景观层面的提升，融入动物形象等元素，并根据现有条件适当扩大大门外集散广场和停车位面积，布置花坛、树池及座椅，以适应不断增加的游览人数。在有条件的情况下可设立若干副门与紧急疏散口，作为新增出口，完善动物园与城市交通的联系，提升动物园的可达性和可进入性。

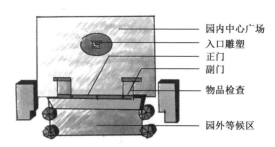

图 3-9　动物园大门平面图
图片来源：作者自绘

图 3-10　动物园游览大门景观示意图
图片来源：作者自绘

### 2）调整公园功能布局

布局结构是一个公园的骨架，作用在于满足公园内不同人群的不同需求以及为整个公园的景观呈现提供支撑、引导、串联。在城市动物园的提升中，结构往往受到现状的局限而无法发生大的改动，因此提升的重点在于基于原有基础对分区进行层面上的调整，以满足动物园展区功能需求，满足社会变迁带来的游客游览需求。

"观"与"展"设计是以游客和动物为不同视角的，其侧重点虽有不同，但互相影响。在展示观览中，人们的主要目的就是了解展示信息。展示内容包括：动物的形态、习性、生活环境特征等。依据游客、动物、场地状况等，城市动物园需要构建科学的观展结构，以恰当方式展示动物相关信息。

城市动物园主要分为动物展区、入口服务区、休闲活动区、科普教育区、办公管理科研区五大区域。其他常见功能区包括儿童游乐区等，提升设计中需要合理控制娱乐游乐区的比例。与普通城市公园不同的是，在城市动物园提升设计中除了要根据不同年龄层次的不同需求、习惯对公园进行调整，更重要的是要根据动物的习性、现在的发展规模与状况以及国内国外先进的参考资料与案例进行动物展区的提升，内容包括笼舍的扩建改造、室外活动空间的提升、展览布局方式的改变等。同时，也要根据公园自身的景观条件，如水体、植被、建筑构筑物、铺装等进行提升。

　　有些区域在城市动物园发展中已经无法承担其原有的功能，对这部分区域应在详细的调研基础上进行适当的面积增减或者设施上的提升以满足游人新需求，对已经遭受损毁或由于其他原因而丧失使用功能的空间应进行新功能赋予，形成新的功能区域[11]。

### 3）完善公园交通路网

　　交通路网在交通联系、空间组织、引导游览中都起到了关键性的作用，是一个城市公园中最重要的基础设施。在城市动物园中，园路将各个功能区合理连接起来，将不同类型的展区连接起来。在初始的规划设计中它就被重点考虑，在长久的使用过程中游人已经对它逐渐形成心理记忆与情感依赖。城市动物园道路通常由一条一级道路和诸多二级、三级道路组成，保证游客能够沿道路进行单向参观，同时满足动物展示线索按照设计意图排布的需求。

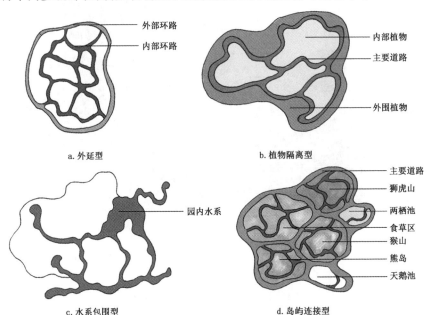

图 3-11　动物园主要路网形式图

图片来源：作者自绘

现有动物园道路组织形式主要包括外延型、植物隔离型、水系包围型和岛屿连接型四大类，多以环路为路网骨架。提升设计应根据原有路网结构，在满足道路的基本功能要求基础上增加道路景观，并且对道路曲线进行一定的调整，以保证游览路线的线形流畅性。同时，考虑到大众"走捷径"的心理需求，可根据原场地中的使用痕迹，增加部分快捷到达类型的道路。此外，展区内无障碍设施应合理布置，从而保证残障人士的游览便捷性。

在交通路网提升改造中，还应当注重深度体验路径的设计，可于展示形式新颖、教育意义重大的动物展区设置内部参观环路，将动物展示、科普教育和互动排布在参观路径中，为游客提供良好的沉浸式体验与深入了解科普知识的机会。同时，这种道路设计方式还可以对主干道人群进行分流，避免展区出入口合一带来的拥挤，为园区的运营管理提供便利。

**4）优化公园展示线索**

一个动物园的展示线索决定了动物展区中各个展区的排列方式，常见的类型包括动物分类线索、动物地理分布线索、动物进化线索、动物生态主题线索等。

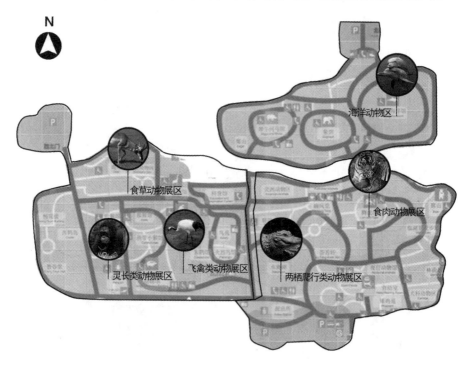

**图 3-12　北京动物园动物分类线索**

图片来源：作者自绘

动物分类线索是最早广为应用的动物展示方式,我国许多城市动物园都以动物分类线索为布局,如北京动物园划分了飞禽区、食肉动物区、食草动物区、灵长动物区、两栖爬行区等不同类别的动物展览区。

　　按动物的进化顺序进行展示是我国大多数动物园选择的展览方式,该方式突出动物的进化顺序,按照无脊椎类—鱼类—两栖类—爬行类—鸟类—哺乳类的顺序,结合动物的生态习性、地理分布等做局部调整。如上海动物园就是按照昆虫类—两栖类—鱼类—鸟类—哺乳类的方式进行展览的。

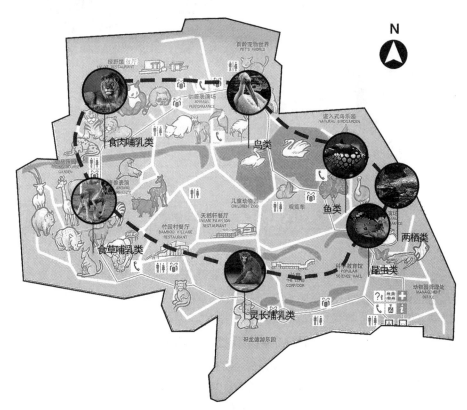

**图 3-13　上海动物园动物进化线索**

图片来源:作者自绘

　　随着动物地理学的不断发展,部分动物园按照动物在地球上分布的方式和规律进行展示。该方式有利于营造不同的地域特色,给游人以明确的动物分布概念。动物园还可以结合动物的地理分布及生活环境,在各展区打造湖泊、高山、疏林、草原等场景,让游人身临其境地感受其生活环境及生活习性。

　　紧接着,随着人们对生态学研究的不断深入,按生态主题进行动物展示的方式渐渐产生，展示模式从统一的动物展馆变成自然式的展示区，即利用地形、岩石、植被来营造热带雨林、沙漠等特定的生态主题[12]。

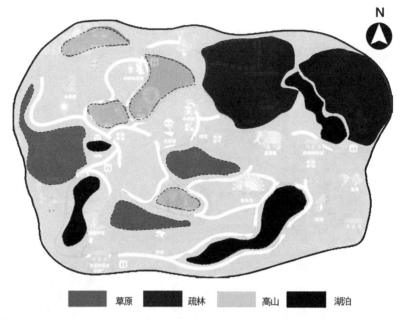

草原　　疏林　　高山　　湖泊

**图3-14　杭州动物园生态主题线索**

图片来源：作者自绘

由于展示线索决定了整个动物展区内部的布局，提升设计中改变线索类型的可能性较小，因此可以在原有基础上采用多种展示线索并行的方法，如动物分类线索和动物地理分布线索并存。《由国际动态谈动物园未来》一文提出，未来的动物园展示方向将以"展现生物多样性的主题"为主[13]，即几个不同分类等级的物种在同一场馆中展示，以和谐共容的方式呈现在游客面前。动物园展示线索应当与生态主题相融合，将过去单一物种的展示转变为微栖息地形态的展览，起到提高物种福利、发挥教育意义的作用。

### 3.2.4　功能分区提升

根据城市动物园中现有的分类类型，本研究归纳出五大分区：动物展区、入口服务区、休闲活动区、科普教育区、办公管理区[14]。

#### 1）动物展区提升

城市动物园展区的提升设计根据动物展区组合（包括室内与室外）分为两个部分来探讨，分别为动物展示空间和游人活动空间。动物展示空间包括室外展馆和室内展馆,室外展馆由较大范围的动物进行觅食、玩耍、栖息、藏身的空间以及内部丰容部分组成,室内展馆由动物活动场所、喂食休息场所和小型丰容等组成,在室外与室内相连接的展区,动物往往因为天气原因躲入室内展馆;室内展馆还包括串笼室和繁殖室。游人活动的空间由观赏线、观赏场地和观赏点组合而成。

(1)动物展示空间提升

动物展示空间研究,着重针对动物展馆布局方式以及展馆展示环境两方面进行研究,并按照相应的分类选取具有典型性的代表进行具体的提升分析,这是一个展区共性层面的探讨。

① 展馆布局形式

在对一个城市动物园的展示空间进行提升时,首先需了解其主体,也就是生活在这一区域的动物种类。城市动物园通常按照展区分类依据进行排布,根据动物的地理区系、动物进化历程、动物生活环境等分类构建动物展区流程,再在分类基础上进行展示单元设计,每一单元往往由同一类型的动物按游览顺序单独设置组成,以使其逻辑性相对完整。同时保证在规划时空间、信息架构逻辑统一,才能够无误地将信息展示给游客,达到预期的展示效果。

从近代的动物园发展历史来看,动物的馆舍布局形式经历了从以建筑为主体的"笼舍式"布局到排斥所有建筑物的"沉浸式"布局,再到现在结合笼舍与室外展区的"混合式"布局的过程。在城市动物园中,由于地形和面积的限制,根据其发展的可能性,对"笼舍式"以及"混合式"的提升分为以下两个方面:

a)笼舍式的布局调整

(a)并列式排布

并列式排布的网笼式展区是最早使用的展区方式,也是目前城市动物园中最常见的布局方式。从游人游赏的角度来说,单调重复的展出形式降低了人们的关注度;从动物福利的角度来说,这种无遮挡式的排列方式将动物完全当作一种展品进行展示,动物面对来自四面八方的游人视线毫无躲避空间,处于慢性应激的状态。传统的动物园往往在鸟类展区进行并列式笼舍排布,这使得动物与人之间没有足够的距离,动物充分暴露在人的视线之下,容易产生不安的情绪。同类的动物并列安置,这种极其相似的展出形式也容易使游客在游览时产

**图 3-15 传统并列式鸟禽区馆舍实景图**
图片来源:作者自摄

生厌倦的心理。

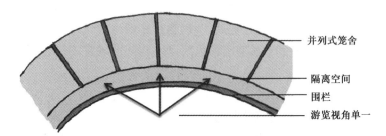

图 3-16　传统并列式鸟禽区馆舍布局平面图
图片来源：作者自绘

提升后鸟类笼舍两个或三个为一组，或是根据行进道路单独设置笼舍并增加绿化隔离带，使游客的观看角度可以产生变化。这种排布是针对并列式笼舍进行提升的一种较为科学的布局方式。

图 3-17　提升后并列式鸟禽区馆舍布局实景图
图片来源：作者自摄

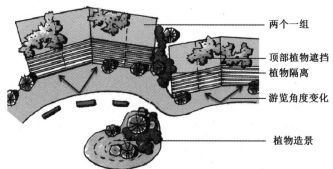

图 3-18　提升后并列式鸟禽区馆舍布局平面图
图片来源：作者自绘

在对并列式馆舍进行提升设计时，首先要根据动物的习性和需要调整展区的规模，在人与笼舍之间增加绿化隔离带，以此杜绝游客的直接喂食，有效降低展区内动物所经受的游客视觉压力并为游客提供视觉间歇。并将参展面分散布局，形成不同的参观体验。同时在玻璃幕墙上增设遮阳板，避免玻璃幕墙直接暴露于阳光直射中。

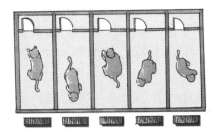
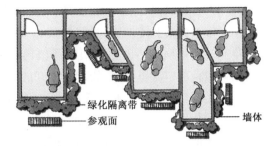

绿化隔离带
参观面
墙体

图 3-19　提升前、提升后典型并列式笼舍平面示意图对比
图片来源：作者自绘

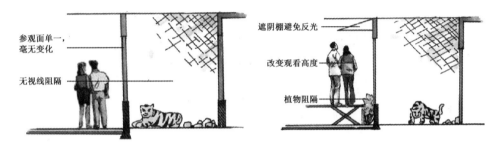

参观面单一，毫无变化
无视线阻隔

遮阴棚避免反光
改变观看高度
植物阻隔

图 3-20　提升前、提升后典型并列式笼舍立面示意图对比
图片来源：作者自绘

（b）单元式排布

在早期的动物园设计中，单元式排布的展示区之间直接相互连接，缺乏缓冲和回路，这种设计在人流较多的情况下会造成拥堵，从而影响游人的观感，也使展区内的动物完全暴露在游人的视线中。最简单的提升方法是在游览主干道上动物展区的一侧增加"凹陷区"，即设置局部参观环路（LOOP），从而方便游人参观、驻留[15]。

苏州上方山森林动物世界猛兽区的橱窗式展馆处就采取了这种分流式道

图 3-21　分流式环路运用实景图
图片来源：作者自摄

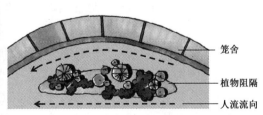

笼舍
植物阻隔
人流流向

图 3-22　分流式环路平面示意图
图片来源：作者自绘

路,游客可以选择从贴近展馆的道路边参观边前进,也可以根据时间安排或者兴趣安排不观赏此类动物,选择从展馆外侧的主要道路上前往其他展区,两处道路通过展馆顶部凸出的廊架以及植物景墙进行空间分离。此种"LOOP"的应用不强行决定游览路线,给游客更好的选择。

LOOP 环路采用的是分流方式,在客流高峰的时候可以让游客自主选择是否进入参观点位。原来一通到底的道路系统在人流较多时无法给游客提供其他行走选择,从而形成无效的客流滞留。改进时一味追求道路的宽度认为其能容纳更多的游人是错误的。

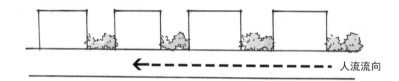

图 3-23　传统环路平面示意图

图片来源：作者自绘

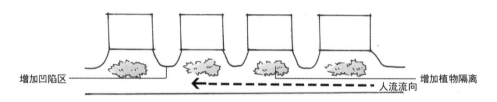

图 3-24　典型 LOOP 提升设计示意图

图片来源：作者自绘

b）混合式的布局调整

混合式展示方式的提升主要在于动物生境的再创造。在城市动物园的混养展示中,为了展示特定的自然动物群落动物园常常把原产地的两种或几种动物放在一起共同展示,这样的做法叫做混合展示。这种展示方式被广泛地运用于野生动物园中,而在城市动物园中,由于受面积、地形等因素影响,其混养模式、动物种类、动物数量等方面与野生动物园仍有一段距离,但这种混养的方式对城市动物园的去人工化具有重要意义。

设计者应依托动物园原有动物种类,依据动物园地形地貌现状,基于对每个物种的了解和认知,开展对城市动物园混养展区的建设,通过整合各个物种展示模式的共同点实现混养展示设计。常见的城市动物园混养模式如表 3-5

所示。

表 3-5　城市动物园部分混养模式

| 动物种类 | 其他要求 |
| --- | --- |
| 貂羚、白沙长角羚、角马、细纹斑马 | 无 |
| 长颈鹿、黑犀牛、非洲水牛 | 满足长颈鹿的要求 |
| 黑猩猩、山魈、低地大猩猩、猩猩 | 黑猩猩不喜欢瀑布岩 |
| 孟加拉虎、白虎 | 无 |
| 食蚁兽、南美貘、三趾树懒、象龟 | 无 |
| 驼鹿、日本羚羊 | 无 |

注：作者根据参考文献及动物园实例整理

混养展区常见于食草动物区，如上海野生动物园将鸵鸟、斑马及羚羊混养。不同种类的动物混养展示方式，可以更好地展现动物在野外的原始聚居情况，形成规模效应，与单个类别展示相比更具有视觉冲击性。

图 3-25　斑马、鸵鸟混养展区
图片来源：上海野生动物园官网

图 3-26　斑马、羚羊混养展区
图片来源：上海野生动物园官网

② 展馆展示环境

动物园展馆展示环境主要受游客参观区域及动物展示区域设计的影响。动物展馆整体材质的选择、动物展示区域与游客参观区域间的隔障设计及高差设计、内部丰容设计等都会对展馆展示环境产生重要的影响。

a）展馆材料构造

动物园作为一个不同种类动物聚集的场所，与野外食物链形式的生存环境截然不同，需要根据动物的生存习性，如是否会飞、攀爬或是否存在伤害游客的可能性来定制笼舍。而实际在对动物园场馆的调研中笔者发现，很多动物园的场馆构造并不合理，亟待提升，因此这部分主要研究不同的展馆构造与不同种类动物之间的对应性。

（a）编织网材质

编织网是在新型城市动物园展馆建设中被普遍运用的材料，主要集中在鸟类展厅、灵长类动物展厅。在鸟类展厅使用软性钢丝编织网作为顶棚，使用钢架支撑，四周用硬质菱形铁丝或者方形铁丝进行围合，可以防止鸟类逃逸并且极大地增加了使用空间。和墙体相比，编织网可以扩大游客的视野范围，减少鸟类与外界的隔离，也可以降低鸟类碰撞的致死率。而在灵长类动物展厅，为了防止灵长类动物攀爬逃逸，使用不锈钢丝编织网作为罩棚封顶，立面利用原有建筑基础建造玻璃幕墙作为展示参观面。如苏州上方山森林动物世界猴馆中的编织网，与传统的水平顶棚展馆相比更具通透性，极大改善了动物的生存环境，是介于开放式与半开放式之间的一种科学的建造方式。

**图 3-27 传统的展馆顶棚**
图片来源：作者自摄

**图 3-28 软性编织网材质的展馆顶棚**
图片来源：作者自摄

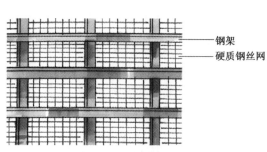

**图 3-29 钢架结构硬质顶棚**
图片来源：作者自绘

钢架
硬质钢丝网

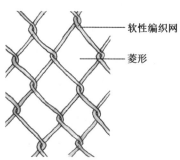

软性编织网
菱形

**图 3-30 新型软性编织网放大图**
图片来源：作者自绘

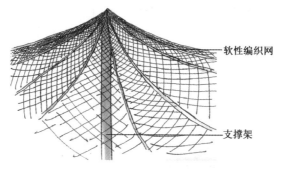

图 3-31　新型软性编织网效果图

图片来源：作者自绘

（b）玻璃幕墙材质

在动物园展馆建设中玻璃幕墙也是被大量运用的一种材质，主要用在食肉动物馆、两栖爬行馆等具有危险性的需要将动物与游客完全隔离的展馆中。这是在围网和栏杆隔障基础上的一次提升，在一定程度上提高了游客的观赏效果，避免游客直接接触动物和投喂动物食物。但随着玻璃幕墙越来越多的应用，玻璃隔障也出现了一定的弊端。由于使用地方的特殊性，玻璃既要具有良好的透光性，不反光，不改变物体明暗度，又需要具备良好的隔音效果。但一些较老的动物园的玻璃幕墙往往因为工艺问题，具有强烈的反光性，游客往往需要贴近玻璃才能看清内部动物，干扰游客观赏体验，并且作为透明材质的材料，玻璃幕墙容易产生污渍，影响观赏效果。

图 3-32　反光强烈的玻璃幕墙

图片来源：作者自摄

图 3-33　无明显反光的玻璃幕墙

图片来源：作者自摄

在动物园提升设计中，可以在室外展区的玻璃幕墙上方采取遮阴措施，以此来避免光照使玻璃受热并对展区产生热辐射，从而导致展区内的温度过高的情况；也可以在玻璃幕墙顶部安装遮阴棚，使玻璃幕墙处于阴面，保证游客视线区光线较暗，减少反光的同时也降低了阳光直射对展区内动物的不良影响。需要注意的是，在鸟类展区禁止采用大面积玻璃幕墙作为材料，尤其在室外开放展区，玻璃幕墙很容易使鸟类缺乏边界感而肆意冲撞导致伤害的发生。

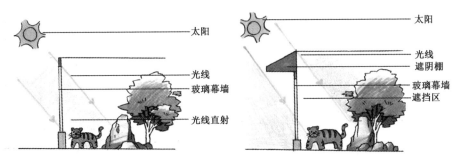

图 3-34　提升前无遮阴棚示意图
图片来源：作者自绘

图 3-35　提升后有遮阴棚示意图
图片来源：作者自绘

（c）围栏材质

动物园内的围栏通常用于食草类、鸟禽类等不具有攻击性、可以与游客互动的动物的展馆中，起到围合空间、安全防护的作用。通常鸟禽类展区围栏高度较低，大型食草动物及善跳跃的食草动物展馆中会适当增加围栏高度，避免动物从馆内逃脱。围栏的宽度、密度多根据动物的体型大小进行调整，材质一般为木材、钢材和 PVC 等新型材料。

在上述几种材质中，木材因其与自然融合性较高，是最为常用的围栏材质，一般有碳化木、防碳化木、防腐木、塑木等[16]。在设计中可将木材与植物巧妙地结合，或采用特殊的围栏纹样，来增加动物园景观的美感。木质围栏可以减少人工设施的突兀感，使得动物的生存环境更好地与人工环境相结合。

图 3-36　传统的木质围栏
图片来源：作者自摄

尽管有上述优点，但木质围栏也具有容易损坏的缺点，容易因风化、侵蚀、动物及人为接触产生损伤。因此，现在很多动物园展馆设计，会采用钢材作为对耐久度、承重及安全防护有较高要求展馆的围栏材质,通过将钢材表面涂成棕色或绿色来代替木材,尽可能贴近自然,达到耐用以及与外界和谐的双重优势。如食肉动物展区往往在以高差隔绝游客与动物的基础上,在游客参观路径周边设置围栏,以确保参观游客的安全。

图 3-37　食肉动物展区的围栏　　　　图 3-38　外表刷成木色的钢制围栏
图片来源:作者自摄　　　　　　　　　　图片来源:作者自摄

除以上两种传统的围栏材质外,还有动物园将 PVC 等新型塑料材质与传统材质相结合,作为小型动物展区的围栏材质。新型材质具有耐腐蚀性强、抗冲击性强等优点,往往作为编制材料或传统围栏的补充,用于鸟区等展示场馆。

b) 展馆隔障设计

隔障是指限制动物活动范围、游客活动范围及参观视线的隔离措施和视觉屏障,它通常是活动区域限定措施和视觉屏障的组合。根据所处的位置不同,隔障可分为室内隔障和室外隔障两大类:

室内隔障一般由栏杆和墙体组成,主要为操作面隔障,提升设计主要注意其安全性的满足,根据动物的攻击方式和能力确定网格的密度、栏杆的排列方式以及硬度材质等参数。

室外隔障分为展示面隔障和非展示面隔障两类,展示面隔障即参观面隔障,是游人的最直接接触面;非展示面隔障往往划分展区大小,包括展馆内部之间的隔障。

（a）展示面隔障提升

展示面隔障主要分为两大类,一类位于动物一侧,其功能为避免动物逃逸,如壕沟、挡土墙、电网等;另一类位于游客一侧,可防止游客接近壕沟边缘,同时限制游客的参观视角,营造更加自然的参观氛围,如绿化隔离带、防护栏杆、玻璃幕墙等。传统展示面隔障多采用围网、栏杆或玻璃幕墙进行隔离,虽然能够起到充分的阻隔效果,但一定程度上破坏了参观体验,不仅会妨碍游客正常参观,还会破坏动物园营造的动物与自然和谐相处的氛围。

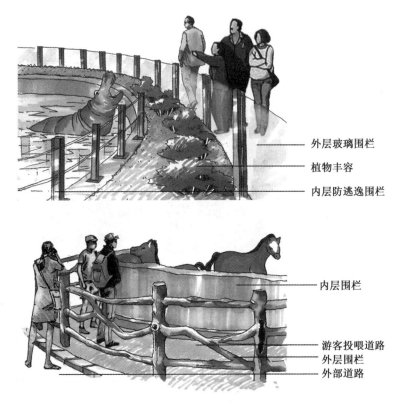

图 3-39　提升前传统隔障示意图

图片来源:作者自绘

　　在展示面隔障提升改造中,可以对隔障布置形式进行优化,对暴露在外的围栏进行隐藏,或用壕沟等更加利于展示的形式替代围栏,更好地保障动物安全、游客安全和操作安全,为人们带来更好的参观体验。

　　用"V"形壕沟代替围网或者栏杆是提高隔障设计水平的重要途径之一。但是对于目前很多处于市区的城市动物园来说,由于动物园扩建的可能性较小,一味单一地添加壕沟可能会使原本就不够宽敞的动物展示空间更为局限,反而影响动物福利的实现,因此多种隔障形式组合应用便成为城市动物园的改进常用方式。选取场地部分区域增加壕沟隔离方式,其余区域采用围栏隐藏或建筑隐藏的方式,可以在有效利用场地的同时更好地营造生境。壕沟的宽度应当参考动物跳跃能力进行设计,具体参数可参考《动物园设计规范 CJJ267—2017》。在确保动物无法逃脱的同时,还应为动物提供一定的措施,使误入壕沟的动物能够自行回到场馆之中。

植物阻隔 ————

壕沟 ————

图 3-40　提升后壕沟隔障示意图
图片来源：作者自绘

（b）非展示面隔障提升

必要的围网和栏杆是保证动物和游人安全的必要措施。非展示面中的围网，可利用展区内地形变化来实现，当位于远端的围栏高度低于游客视线高度时，就会形成一种视觉错觉从而达到隐藏围栏的效果。为了强调动物园的自然特性，对围网和栏杆的隐藏是提升中必不可少的一部分，同时也是在减少成本的情况下营造自然风格的一种手段。在规划中可以通过绿化隔离带的设置限定游客的参观视线高度从而达到隐藏围栏的效果，同时围网与绿化带的结合可以直接使围网"隐身"。在诸多鸟类、哺乳类动物的展示中还可使用"钢琴弦"作为围栏，将紧绷的铁丝插入连接器中，可以较好地将围栏隐藏在背景之中，避免围栏妨碍动物展览。

还可以巧妙利用植物配置对非展示面的围栏进行隐藏，在隐藏围栏的同时更好地塑造动物原栖息地风貌。在很多情况下，建筑本身就是物理隔障的一个组成部分，是营造展区自然氛围的重要一步，因此可以将建筑墙体表面的颜色、质感处理成贴近自然的颜色和纹路；或用植物进行遮挡，利用屋顶绿化、垂直绿化或在建筑周边种植高度适宜的乔木、灌木，对建筑的轮廓进行处理使其与外部环境融为一体；或将以上方法混用。

a. 无建筑隐藏效果      b. 山石遮挡效果      c. 植物遮挡效果

**图 3-41　非展示面隔障设计示意图**

图片来源：作者自绘

　　非展示面隔障除了包括展区与外界的隔障部分，还包括展区与展区之间的隔障部分，常常在同一类型的动物展区内用来划分不同动物类别或划分出动物独立空间，这种方式的隔离常常包括墙体隔离、钢琴键隔离、围网隔离等。如苏州上方山森林动物世界的食草动物展区，采用高低不平的钢琴键样式的半围合性隔障划分出不同种类的食草动物区。这一方式还可用作同一类动物数量的划分，动物彼此之间可以相互看到减少恐惧感，适合群居动物的习性。钢琴键隔离相比于传统的墙体隔离或是围网隔离，更适用于大面积场地的划分。此种方式的隔离可以形成区块效果，增强可观赏性，并且可以减少成本以及有效地节约空间。

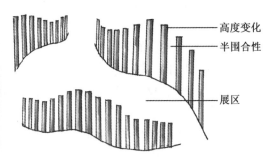

高度变化

半围合性

展区

**图 3-42　非展示面半围合隔障实景图**
图片来源：作者自摄

**图 3-43　非展示面半围合隔障示意图**
图片来源：作者自绘

　　c）展馆高差设计

　　"坑式"展区是城市动物园中常用的一种展区，主要运用于熊、狮、虎、猴等破坏性较强的动物的展区中。但"坑式"展区实际上是一个放大的可以参观的陷阱，表达了人们对危险动物的恐惧和捕获后的惊喜，这与现代动物园的发展理念格格不入。上海动物园熊馆的建设,采取了"坑式"展区的形式,这使得游客居高临下般观赏动物,动物在此环境下容易产生祈求心理,更促使游客向动物投食。这与现代动物园力图营造动物自然栖息地的理念格格不入。

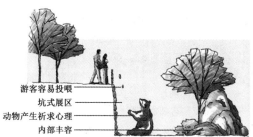

图 3-44　城市动物园常见"坑式"展区　　　　图 3-45　上海动物园熊馆"坑式"展区
图片来源:作者自绘　　　　　　　　　　　　图片来源:作者自摄

　　改变"坑式"展区可以有多种形式,主要分为室内展区提升和室外展区提升两种。在室内展区部分,可以将原先环绕整个展区的道路改为部分环绕,采用围网结合玻璃幕墙的隔障方式,将原有的环视参观变为分散参观。例如苏州上方山森林动物世界熊馆的设计,将游客隔离在围栏与玻璃之外,人的参观视线与动物处于同一水平高度,可以极大地降低人为干扰,而内部通过植物、水渠模拟自然栖息地,给动物营造较为安静舒适的生存环境。

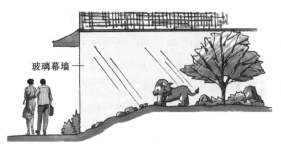

图 3-46　玻璃幕墙的隔障方式　　　　图 3-47　苏州上方山森林动物世界
图片来源:作者自绘　　　　　　　　　　　　熊馆玻璃隔障

图片来源:作者自摄

　　除了使用大面积玻璃幕墙隔绝游客投喂外,还可以通过抬高场地高度或降低道路高度,使得游客的高度低于展区高度而无法抛掷食物;或根据场地性质将场地改为变化的参观平面,并将原有的生硬的水泥坑改为自然的壕沟隔障,增加绿化隔离带,扩大游客与动物的距离,使游客无法投喂。

植物丰容

电网隔离
防止逃逸
抬高动物高度

展示面围栏
降低游客观赏高度

自然式壕沟隔离

图 3-48　降低参观高度

图片来源：作者自绘

d) 馆内丰容设计

丰容是基于动物行为生物学及其自身习性的研究,改善圈养动物生活环境和条件的有效途径[17]。丰容设施并非仅仅起到装饰作用,而是具有重要的功能性。近几年国内动物园建设过程中普遍存在的误区是将丰容和展示背景的景观效果混为一谈,结果仅仅是使动物园在游客的视觉感受中显得更堂皇,但对动物福利几乎不具备积极影响。

根据《美国动物园饲养员协会丰容手册》,丰容包括食物丰容、社群丰容、认知丰容、感知丰容以及环境物理丰容。动物园的设计师,重点应该了解和执行"环境物理丰容"这一分项。栖架、地表垫层和植物是与整体景观营造最为紧密的三部分内容。对不同类别的动物来说,展区内部丰容的要求也大不相同,本研究将以小型哺乳类动物、食肉类动物、食草类动物、两栖爬行类动物和鸟类展区等几大典型动物园展区为例,对馆内丰容设计进行说明。

(a) 小型哺乳类动物展区丰容

小型哺乳类动物展区内的丰容多设置吊床、绳索、枝干等栖架,适合灵长类动物或是熊猫等此类喜好攀爬的动物。除栖架丰容外,展区内还会设置假山、水池和植物,满足动物隐蔽、攀爬、活动的需求。

栖架丰容是动物园中最常见的一种丰容设施,通常根据展区现状、规模以及动物的需求,选择合适的材料,包括天然树干、木材、金属、混凝土、绳索等。栖架的设计应该高低错落,以提高展示空间的利用率,同时也能够为群体饲养的动物通过占据不同的高度以表明社群地位提供保障。这种社群地位的表达有利于维持种群中的和谐关系并减少攻击行为的发生。栖架按其材质可分为人工栖架与自然栖架，人工栖架与自然栖架有不同的优缺点，人工栖架组合方便，形式多样，但视觉上不太自然，自然栖架受限因素较多但景观效果较好。在提升设计中应根据不同的需要与专业的丰容设计师探讨确定合适的材料与式样，以满足动物的不同需要。

图 3-49　人工栖架示意图
图片来源：作者自绘

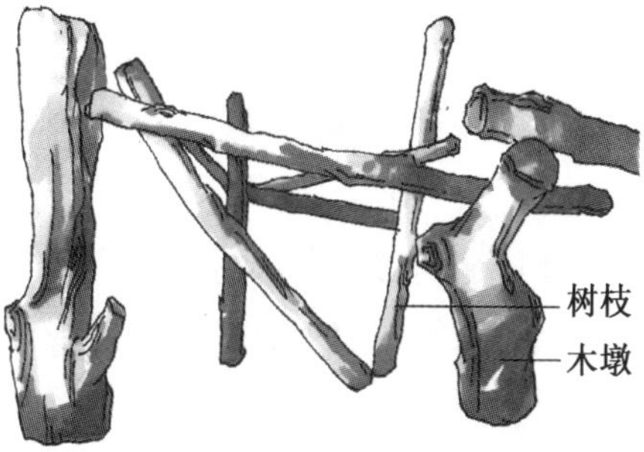

图 3-50　自然栖架示意图
图片来源：作者自绘

（b）食肉类动物展区丰容

按动物生活习性、体型差异，食肉类动物展区的丰容设计也有所不同。其中熊、狮、虎等大型食肉动物的展区中多设置假山、水池、水沟与游客进行隔离。部分有攀爬行为的猫科动物笼舍内会设置不同高度的平台、枝干和树屋，供其观察领地、玩耍、捕猎等。食肉类动物的笼舍中应当设置有树皮、沙土的垫料池，避免硬化水泥地面对动物的足部健康产生不良影响。

食肉类动物展区中的植物丰容应当注重隐蔽与安全性，一方面避免游客与动物互相直视给动物带来的压力；另一方面要确保植物无毒无害，且与动物生境相吻合。对于动物活动区的植物，尤其是新栽植物，为了保证其存活和生长，需要采取电网、围网或矮墙等方式对植物进行保护，避免动物对植物的破坏。

部分小型食肉类动物的展馆中，往往会设置本杰士堆。本杰士堆，即在动物展区或者园区内，把石块和树枝相互堆砌在一起，并用掺有乡土植物种子的土壤进行填充[18]。因其制作简便、生态效果好、后期维护简便的特点被广泛运用于动物展区环境的改善中。本杰士堆能够为动物提供隐蔽、藏匿食物的空间，能够激发其寻找食物的自然天性，并辅助动物进行刷毛、蹭痒等行为，对动物福利而言有较为明显的作用。

图 3-51  猛兽类展区内部丰容示意图
图片来源：作者自绘

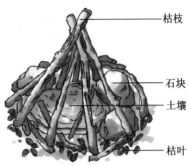

图 3-52  本杰士堆示意图
图片来源：作者自绘

（c）食草类动物展区丰容

食草类动物的展区丰容主要有植物丰容、栖架丰容和地表垫层丰容。其中植物往往选用落叶高大乔木，既能够在炎热的夏季遮阴，又能够避免在冬季遮挡阳光。在喜食树皮、树叶的动物展区中，通常对植物进行隔离，避免动物对其进行啃食、破坏。

此外，要对食草类动物展区的地表垫层丰容进行详细设计。地表垫层可利用材料类型丰富，包括泥地、木屑、植被、生态垫层等。在部分城市动物园展区设计中，常用的展区地表垫层为沙土地面与水泥地面，水泥地面虽然后期养护管理较为简单，但是对动物的健康生长以及生境的营造作用较小。在城市动物园地表垫层丰容提升改造中，应当在原有展区地表垫层基础上，根据动物的生活习性进行提升，增加泥池、水池、木屑池和生态垫层等材料，以便为动物创造更为安全、舒适的生活环境。比如对大多数的食草动物来说，泥池具有为它们驱赶体表寄生虫、提供体表防护等多种功效，木屑池的设计能够鼓励动物进行更多的探究行为和觅食行为，这些地表垫层的提升是提高动物生存福利的一种简单易行的操作。

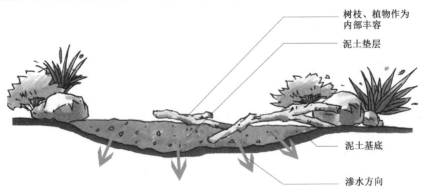

树枝、植物作为
内部丰容

泥土垫层

泥土基底

渗水方向

图 3-53  泥土垫层示意图
图片来源：作者自绘

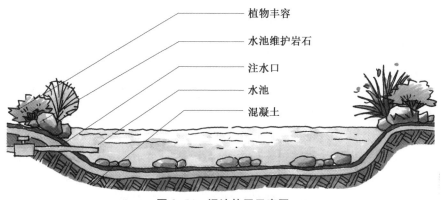

植物丰容

水池维护岩石

注水口

水池

混凝土

图 3-54 泥池垫层示意图

图片来源：作者自绘

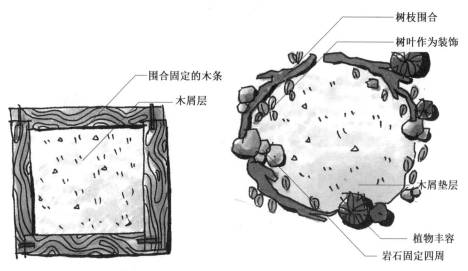

树枝围合

树叶作为装饰

围合固定的木条

木屑层

木屑垫层

植物丰容

岩石固定四周

图 3-55 规整式木屑垫层

图片来源：作者自绘

图 3-56 自然式木屑垫层

图片来源：作者自绘

（d）两栖爬行类动物展区丰容

两栖爬行类动物展区往往以展箱形式展出，各个展箱内的环境类型根据动物原产地的不同一般划分为荒漠型、沙漠型、草原型、水域型以及雨林型五种类型。不同的环境类型需要设置不同的光源、展示背景和丰容材料等，以使空间尽量生态化和丰富化。

荒漠型展箱内往往较为简单，内部以光秃的土壤做垫层，放入一些枯枝，适合在荒漠中生存的较大型蛇类，此空间需宽敞、整洁，便于饲养员及时躲避毒蛇的攻击或及时发现逃逸的动物。沙漠型展箱适合一些地栖型陆生爬行动物，如地栖型蜥蜴、陆栖型龟类，展箱内部需布置石子、沙砾、树枝等，并提供充足的光源照明。草原型展箱适合以蛙类、蟾蜍为主的无尾目两栖动物，展箱内部需要有充足的湿度，丰富的小型植物、草皮、石块，保持良好的空气流通。水域型展箱适合鳄目动物或是大鲵等长时间生活在水中的两栖爬行类动物，展箱内部可以加入湿生植物、日光浴平台以及自然的地表垫材，需要保证水源循环流通。雨林型展箱适合一些树栖型蜥蜴、蛙类、水栖型龟类，展箱内部需要充足的水源，还需要一小块干燥的陆地，通常占水面面积的 1/3，内部种植热带植物如芭蕉、棕榈或是一些蕨类植物。雨林型展箱往往占地面积较大，可以营造较大型的动物自然栖息地景观，与小型展箱形成对比，加强展示效果。

在进行两栖爬行类动物展箱的内部丰容时，需要对植物、水域、垫材、石块、树枝、藤条等进行不同的组合，并控制声环境、热环境，达到视线控制，隔离动物，营造动物躲避、休憩和繁殖空间的目的。在展箱造景上也要形成大小对比、主次对比，营造各具特色的两栖爬行类动物展示效果[19]。

**图 3-57　荒漠型展箱**
图片来源：作者自绘

**图 3-58　沙漠型展箱**
图片来源：作者自绘

**图 3-59　草原型展箱**
图片来源：作者自绘

**图 3-60　水域型展箱**
图片来源：作者自绘

**图 3-61　雨林型展箱**
图片来源：作者自绘

(e) 鸟类展区丰容

鸟类展区丰容主要包括栖架丰容、植物丰容和喂食丰容。鸟类展区应当种植层次丰富、高低错落的植物，尽可能形成适合鸟类生活的自然植物群落景观，营造鸟类栖息地生境氛围。可以结合树枝、树干、云梯、麻绳及鸟类玩具，为鸟类的社群、休息、运动提供条件。麻绳和玩具能够调动鸟类的好奇心，枝干的增加可以促进鸟类在展区内各个位置移动。

在喂食丰容方面，可以将饲喂食物放入饲喂器，或悬挂于枝干上，通过改变饲喂方式增加鸟类取食难度，延长鸟类取食时间，促进鸟类身体协作能力发展，同时减少鸟类向游客乞食的行为和刻板行为的发生。

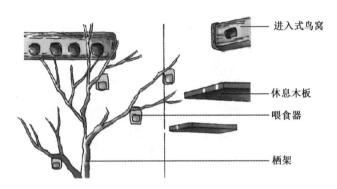

**图3-62　鸟类展区内部丰容**
图片来源：作者自绘

动物丰容是一项动态的、长期的变化的过程，设计施工和基础建设只能为今后的日常性丰容工作奠定基础。作为设计方我们应该了解丰容不是景观装饰，丰容是基于动物行为学研究的功能性保障设计。在提升设计的环节中，景观设计师与丰容设计师需要通力合作，结合动物行为特点和需要进行综合考虑。

（2）游客活动空间提升

游客活动空间包括面性功能区域、线性道路和点状观赏位置。其中，面性功能区域包括动物观赏场所、休憩场所和休闲活动场所，线性道路包括全园道路和展区内部道路，点状观赏位置则散布在各动物展区周边。游客活动空间的提升能够提升游客在园内的观赏体验，为游客的游憩、社交活动提供场所及硬件支撑。

① 面性功能区域的增减

就面性功能空间的提升设计来说，在动物展区增设动物观赏场所能够大幅提升游客观赏体验。针对原有单一围绕式的观赏路线，在适当的地方增加观赏平台、观赏廊架、观赏亭子，使得观赏区集中，在一定程度上增加了观赏方式的类型，为游客提供了停留观赏的空间和设施。

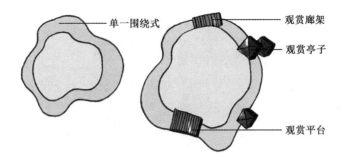

图 3-63　观赏类型增加

图片来源：作者自绘

在休憩场所和休闲活动场所增减的过程中，应当依据现有设施情况与游客游览分布情况，在场所面积不足、设施缺乏的区域增设休憩、活动场所，在游客数量较多的动物展馆周边设置特色广场，并完善场地内部亭廊、座椅、树池等设施。应当对现有休憩活动场所内部破损、陈旧设施进行更新，将生态化、特色化的设计理念与手法应用到其更新设计中。

② 线性连接道路的变更

围绕动物展区的道路在有高差的地方需注意无障碍设施的应用，适当变换展区道路的宽窄可以分隔快速通过区与慢速游览区，用道路的宽窄来影响游客的游览速度。一段路面越宽，转弯处越多，人的运动速度就会越加缓慢，因为在较宽的路面人们能随意停留驻足观看景物，而当路面较窄较为笔直时，游人会自然而然地向前行走，停留的可能性较小[20]。

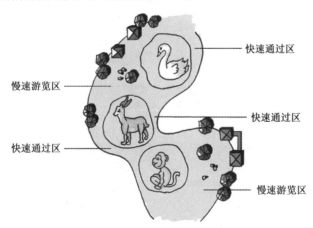

图 3-64　道路宽窄的变更改变游览速度

图片来源：作者自绘

图 3-65　快速通过区　　　图 3-66　慢速游览区
　图片来源：作者自摄　　　　图片来源：作者自摄

③ 点状观赏位置的变化

a. 垂直方向

　　游客在观赏展区内的野生动物时，应保持平视或仰视视角，以减少动物的视觉压力。早期动物园的这种"大坑"式展示方式不仅加重人类对动物的压迫感，更从另一方面鼓励了人们对动物的投掷和危害性喂食。动物展示区域的视线应该位于与游客视平线等高或略高的位置，将原本过于生硬的直角转折与地形、壕沟的变化结合起来，一定程度上提高了动物的活动平面。这样的展示方式更具有吸引力并可以减少动物的视觉压力。

图 3-67　提升前典型点状观赏位置剖立面示意图
图片来源：作者自绘

图 3-68　提升后典型点状观赏位置剖立面示意图
图片来源：作者自绘

b. 水平方向

早期的动物展区往往采取环视动物的参观方式，忽略了动物的躲避心理，动物得不到应有的尊重，而且这样的参观方式过于单调，缺乏对游客行为的组织。在城市动物园提升设计中，适当地在展区周围增加壕沟、植物、墙壁等视觉隔障，为动物提供视觉屏障，并根据参观点的不同对参观道路进行宽窄上的改变，实现人流的分散或集中。

图 3-69 提升前典型点状观赏位置变化平面示意图

图片来源：作者自绘

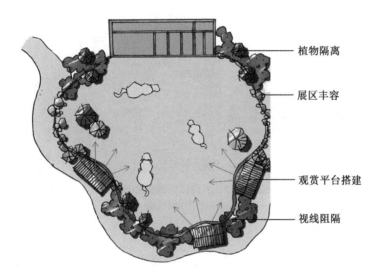

植物隔离

展区丰容

观赏平台搭建

视线阻隔

图 3-70 提升后典型点状观赏位置变化平面示意图
图片来源：作者自绘

### 2）入口服务区提升

入口服务区应具备检票、售票、景观构建、公共服务设施提供等多种功能。游客服务中心应设置在醒目的位置，并根据星级旅游景点的标准进行建设；售票口应通过不锈钢围栏进行分区，一般分为优惠票购买区如大学生票、老年人及儿童票、军人票以及正常票购买区，根据节假日人流量的不同，通过售票窗口的开设合理划分排队人流；而检票口应在大门入口处，设置行李安检，通过安检禁止任何有毒有害物品进入园区对动物造成伤害。

停车场是入口服务区建设的重点，应根据本地区的日最大客流量确定主入口内外两个游人集散广场的面积，设置足够的停车位。随着城市居民经济水平的不断提高，私家车拥有量逐年增加，在一些经济发达的省会城市，门区停车位不足导致的交通拥堵问题日益严重。这个问题无论在新建设的城市动物园还是在正在准备提升的城市动物园中都必须得到重视，否则将会造成动物园日后的被动局面，甚至会产生将动物园搬出市区的动议。主门内外两个游人集散广场的功能有所差异，外广场具有集散游人的功能，内广场除具有游人集散的功能之外，还承担着部分展示功能以及尽快将游人带入各个展示区、休闲区的疏导功能。

除此之外，入口的集散广场是游人对城市动物园的第一印象来源，可以通过造型各异的植物组团或是景观小品来进行塑造，也可以通过地面铺装来与道路进行划分，表现该动物园的特色。

**图 3-71　入口广场形象塑造**
图片来源：作者自摄

### 3）休闲活动区提升

动物园的发展往往伴随着场馆展区的扩建以及功能区数量的增长，而动物园提升的重点应该以动物为本，以动物展区为主。并且随着城市动物园的发展，游客在参与游览和学习的过程中对休闲和活动的要求越来越高，但在以往的动物园建设或是提升中，休闲活动区的规划往往被忽视，这样其实给游客的游玩造成诸多不便。

城市动物园作为城市绿地重要的一部分，必须具备相应的区域供游人进行休闲活动。该区域分为两大类，一类是运动游戏设施，包括游乐设施区、儿童活动区以及动物园内衍生而来的商业区；另一类是服务设施，包括休憩广场、景观廊架、景观亭、休闲座椅等。服务设施可以弥补休闲运动设施功能性的不足，两者缺一不可，共同塑造舒适、和谐的动物园休闲活动空间[21]。

动物园的休闲活动区与普通公园有所区别，公园中的休憩区域往往呈现分散式、点状，散布在公园的各个方位，游人在感觉劳累时可以随时停下休憩。而动物园因为动物展馆的集中性，往往展馆附近的人流量较密集，在此设置休闲活动空间会造成交通拥堵。因此为方便游人的到达和使用,休闲区的设置可以采取集中布局式,使其与周边的动物展区合理结合,如选择在三角形展馆排布的中心处设置较为大型的休憩处。如北京动物园的休憩区往往设置在两个展馆连接的道路上,临近水禽湖或是周边建设有良好的植物景观、景亭或是遮阴棚,这样既不影响展馆处的游客游览,又使游客充分感受到动物园内自然生态系统的景观魅力。而上海动物园的休闲区集中于一个中心大草坪四周,草坪四周分散着藤架、景亭,自然生态环境与休闲场所充分结合,为儿童提供了一个玩耍娱乐的空间,也可以方便开展多种形式的游戏活动,具有一定的保护教育与公共教育作用。

图 3-72　北京动物园休闲处的集中式布局
图片来源:作者自摄
　　　　图 3-73　上海动物园的中心大草坪
图片来源:作者自摄

　　商业部分可结合休闲区同时开发,在休闲区周边进行布置,设置一些餐饮设施或是经营特色的产品,促进文创产业的发展,如北京动物园大熊猫馆,充分利用大熊猫这一主题形象元素,开发玩偶、明信片等周边产品。游乐设施区应注意将规模控制在一定范围之内,适当增加部分与动物相关的游乐设施。同时在此休闲区内工作的管理人员和维护人员也应该起到服务员和导游的作用。

### 4) 科普教育区提升

　　科普教育设施是指在动物展区周围甚至是展区内,展示动物各方面特点,宣传生物多样性保护及环境保护的设施,同时也是树立动物园社会公益形象的设施,是城市动物园不可或缺的重要组成部分。其主要包括科学馆、多媒体影厅、动物学校、信息中心、图书馆以及主题类集中式科普教育区域,借此开展各类形式公共教育活动。

　　科普教育区的设置有两种形式,第一种是穿插在展区内部作为说明,第二种是设立单独的科普教育馆作为一个展馆来展示。其设立需基于四个要求:一是具有准确性,内容的准确性是最基础最重要的要求之一,通过简练的语言、图文并茂的形式,让游客一目了然,在有限的时间里有效地接受更多的信息;二是具有趣味性,因为科普教育主要服务于青少年和儿童,因此应避免过分严肃,可以利用一些俏皮话或夸张的漫画,即利用有趣的展示形式让受众喜欢上动物文化;三是应具有互动性,互动性与趣味性相辅相成,应尽可能挖掘游客的兴趣点,使游客沉浸其中;四是要具有教育意义,了解一些濒危保护动物的严酷现状和生态危机,可以帮助我们思考应该做什么[22]。

北京动物园近两年在熊馆的科普策划上做得较为突出,其利用鲜艳的图片对熊的分类、进化过程、分布现状进行说明,并将图片设置在展区的走廊处,可以使游客在观赏动物时了解到更多有关动物的知识。

图 3-74　北京动物园熊馆科普教育牌
图片来源:作者自摄

相比于传统的以平面形式如各种展板、旗帜、标语为主的科普展示设计,已经很难吸引儿童的目光。在动物园的更新设计中,需要融入更加多变的形式,如互动游戏、标本展示、沉浸式影院、实体模型制作、生境展示,给游客直观的感受。苏州上方山森林动物世界的科普区域专门开设了生境馆,加入多媒体形式,通过各种影像演示,配合视觉、听觉、触觉等形成现代的展示形式,使科普教育这一环节变得灵活而丰富[23]。

图 3-75　互动游戏设施　　图 3-76　动物生境展示　　图 3-77　沉浸式影院
图片来源:作者自摄　　　　图片来源:作者自摄　　　　图片来源:作者自摄

### 5) 办公管理区提升

办公管理空间主要设置在展馆远离游客的一侧以及展馆外的次要道路上,

主要包括办公区、兽医院、饲料加工储藏区、科研繁殖区,具有管理、监控、后勤的功能,是动物园内必须具备的空间。办公管理区是游客所看不见的灰色区域,与兽舍融为一个整体,一般设置于动物园隐蔽处,要与各个展区的道路相通。提升中除了部分建筑的新建,重点在该区域与动物展区之间的隔离,隔离方式主要为利用植物进行隔离。该方式使办公区与动物展区既互不影响又紧密联系,还方便平时管理。

**图 3-78 办公管理空间实景图**

图片来源:作者自摄

办公管理空间在进行提升设计时,重点在于在满足原有使用功能的基础上保证办公管理区域与游客参观活动区域有效隔离以及加强自身的隐蔽性,可以通过设置围栏将游客隔绝,或者根据地形变化设置在较为低矮的地方并且通过山石进行掩饰。苏州上方山森林动物世界的管理维护空间做得较好,其通过设置高于游客身高的木质围栏进行阻隔,并在周边栽种乔木进行遮掩,且由于管理维护空间的建筑大多较为低矮,部分区域被假山所包围,因此选用了浅色建筑色彩将管理维护空间更好地掩盖在园内环境中。

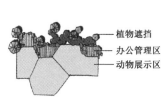

**图 3-79 提升后办公管理空间平面示意图**

图片来源:作者自绘

**图 3-80 提升后办公管理空间效果示意图**

图片来源:作者自绘

### 3.2.5 园林要素提升

动物展区的园林要素提升是一项复杂的工程,道路、建筑、植物、水系、铺装、标识等能够对园林环境产生影响的要素都是城市动物园提升设计中不可或缺的部分。园林要素提升的宗旨在于为游客提供具备良好景观风貌、基础设施的园林环境,提升游客的游园体验;同时,尽可能模拟动物原栖息地的生境,为城市动物园营造独特的氛围。

**1)道路规划**

早期城市动物园道路规划,往往存在设计不合理、缺乏生态性考虑等问题,导致游客自行踩踏出道路、道路景观过于生硬等问题,不仅会影响城市动物园的整体景观、设施使用,还会造成生境的破坏。同时,城市动物园提升设计大多涉及建筑、展示区域和休憩空间的增减,原有道路也难以满足提升设计后游客及城市动物园工作人员的使用需求。

道路规划的提升应当结合园内车行、人行需求及各园林要素情况,分别规划主要道路、次要道路和游憩小径等各级道路的位置,在不能满足需求的区域规划新道路或对原有道路进行提升,在园内有明显踩踏痕迹的草坪等区域规划道路,使道路设计能够更好满足游客使用需求。在此基础上,还应当针对原有道路进行景观提升,使道路与地形、植物、水体、建筑等要素相结合,适当增加停留休憩之处,营造开合有致的道路景观和可游可赏的道路体系。

**2)建筑构筑物**

建筑构筑物的设计涉及两种,第一种为新建建筑,新建建筑需要在考察原址的情况下,充分结合场地周边环境及特色。新建建筑的设计原则在于模拟还原自然环境,尽量降低人工痕迹,并与周边环境相协调,体现特色。新建建筑的设计原则是在人工条件的基础上创造模拟自然环境的可能性,尽量降低人工痕

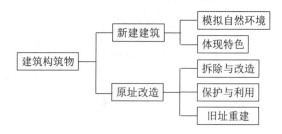

**图 3-81 建筑构筑物塑造框架图**

图片来源:作者自绘

迹。常用的天然材料包括原木、竹子、天然石;仿天然材质包括仿木和人造石,多用于建筑的立面装饰,具有坚固、造价低两种优势。设计时既要注重设计感,同时也要引入一些相应的文化符号,将动物及其栖息环境融入建筑之中,体现动物园特色,如北京动物园熊猫馆中的部分小型建筑外立面采用竹子贴面,与背后的竹林浑然一体,颇具趣味。

第二种为在原址上进行操作设计,具体内容包括:

(1)拆除与改造

一些建设较早的城市动物园,或多或少存在一些乱搭乱建,或者建筑形式、体量与周围环境不协调,或者建筑虽然破败但修复无意义的情况。因此,动物园应对已经影响整体现状风貌而且不具有历史价值的建筑进行拆除,对仍存在一定使用价值的建筑进行立面的处理。

(2)保护与利用

对城市动物园中具有历史文化遗存价值的建筑和使用价值的建筑进行保护具有重要的意义。在此基础上对公园内比较残破或者与公园的整体格调不相符的建筑进行提升设计,深层挖掘其中所蕴含的历史文化。如我国最早的城市动物园——北京动物园,其拥有较多具有漫长历史和独特风格的建筑物,后期提升改造对这些建筑物进行了良好的保护利用,为北京动物园塑造了独一无二的中西结合的建筑风格。

**图 3-82　北京动物园保留的历史建筑**
图片来源: 作者自摄

(3)旧址重建

建筑是地区历史发展的产物,历史建筑与地方文脉相连,并成为地方文脉的诠释。因此,对历史建筑遗址的保护与开发就成为延续地方文脉的必然要求。在条件允许的情况下,具有特殊意义与景观价值的建筑可考虑在遗址基础上重建。旧址重建应当做到建旧如旧,充分还原原有建筑形态与风貌,并将使用功能、文化历史融于其中,将其打造为动物园游览功能和文脉延伸的良好载体。

### 3）绿化造景

与其他城市公园相比,城市动物园"使用群体"的特殊性,使其不同的区域范围内对植物种植的要求也不同。植物的提升设计不仅是为了创造一个吸引点,更是作为一个生理心理的双重要素被游人和动物同时感知。

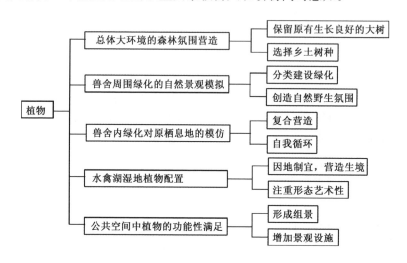

**图 3-83　植物塑造框架图**

图片来源：作者自绘

（1）总体大环境的森林氛围营造

城市动物园较多年代久远,其内部植物大多都形成了稳定的群落,但却存在诸多其他问题,如植物配置都较为简单、层次配置不丰富、部分植物出现树干中空等问题。为营造自然森林的游览氛围,从总体上来说,应根据当地的气候条件,适当增加常绿树的配比,评价现有植物的种植情况并进行层次化的调整。

在植物配置的提升改造中,应当把生态和景观作为最首要的考量,应当保留原有生长良好的大树,尽可能模拟动物栖息地的自然生态环境,从动物安全的角度出发,选择种植无毒无刺的植物,以满足动物的栖息要求。树种的选择,应以乡土树种为首选,注意植物季相景观搭配。可以采取多个品种混种的自然化配置手法,通过多种开花植物丰富色彩层次。植物配置还可以与周边环境相结合,如将植物与山石、溪涧相结合,营造充满野趣、鸟语花香的自然景观。结合石山种植攀缘植物,使假石山与园林景观自然地融为一体；结合曲折延伸的水体进行水生植物种植,增加水边植物的丰富度[24]。

（2）兽舍周围绿化的自然景观模拟

兽舍周围绿化景观的提升应当充分考虑景观氛围的营造与游人休憩需求

的满足。景观氛围营造应当从树种选择、植物配置方式等手段出发,尽可能结合动物生活环境进行配置,营造动物栖息地特有的氛围,并用绿化弱化兽舍内外的割裂感。为满足游人休憩的需求,兽舍周围还应当设置草坪、树池、花坛和冠大荫浓的乔木,发挥植物的美化作用,并提供充分的防风、遮阴条件,供游人在参观前后停留休息。

在植物种类优化的过程中,应当充分考虑动物生态环境营造、园内景观塑造、动物安全等多方面需求,而在上述需求中,最为核心的提升需求就是再现动物原产地环境的缩影,增加展示的真实感和科学性。在选择城市动物园植物种类时,应选用个体形态相似于原产地的植物,用于营造相似的植物群体景观。在无法进行替代的馆舍中选择种植乡土树种,尽可能地创造自然野生氛围。比如在狮虎山周围扩大松柏的种植面积形成松林景观;在热带、亚热带馆周围种植相似的热带植物,用泡桐代替芭蕉、合欢代替凤凰树等。同时,还应当为园内出现水土流失的陡坡等地带补植护坡植物,修复病虫害或养护不到位导致植物死亡的区域。

**表 3-6　华东地区动物园植物选用表**

| 食草动物展区 | 肉食动物展区 | 非洲动物展区 | 两栖类动物展区 | 湖泊水生植物 |
| --- | --- | --- | --- | --- |
| 紫薇 | 小叶榕 | 海芋 | 红花檵木 | 水石榕 |
| 香樟 | 紫叶李 | 鸡冠刺桐 | 垂柳 | 再力花 |
| 鸡蛋花 | 红枫 | 亮叶朱蕉 | 鸢尾 | 睡莲 |
| 龟背竹 | 八角金盘 | 旅人蕉 | 小叶女贞 | 荷花 |
| 桂花 | 银杏 | 美丽针葵 | 凌霄 | 蓝花鼠尾草 |

在植物配置方式提升改造过程中,需要结合动物园绿化现状和动物园基建规划要求,以片林、草地为主体形式,按不同种类动物的特点,配植相似的原生态环境植物,形成一个个独立的绿化组团。各组团之间,以不同的道路绿化形式相联系,构成一个大环境的有机绿化整体。同时,在笼舍、动物运动场地内应配合相应的植物保护措施,比如部分植物用网格隔离以防动物破坏,尤其是在食草动物区域。

此外,动物园还应当重视防护林带的设置,不仅需要在动物园外围设置卫生防护林带,还应在兽舍间、兽舍与管理区间设置隔离防护林带,选择防风、防尘、杀菌的植物,以起到降低园内噪音、减少污染、净化空气的作用。

（3）兽舍内绿化对原栖息地的模仿

植物景观配置还可以采用复合营造的手法，将对动物原栖息地生境的模仿与本土生态环境相互融合渗透[25]，选取乡土树种进行配置，以构建适应动物生活的本土化兽舍环境。这样对原栖息地的模仿不仅为动物生存提供了适宜的生境，更是起到了向公众展示自然界的自我循环和自我平衡的作用。植物为动物提供食物，动物的粪便又为植物提供肥料，这是自然界最平常的自我循环，也是动物园植物配置提升中应当突出表现的。

**图 3-84 兽舍绿化对原栖息地的模仿**
图片来源：作者自摄

就兽舍的室内部分来说，在有条件的馆舍展厅，植物类别以阴生观叶植物为主；在条件不允许的情况下也可通过布置一些假植物、树桩等，尽可能创造与野生动物生态环境相似的植物景观。兽舍的室外部分则应当考虑动物的遮阴和光照需要，为寒带和寒温带地区的动物提供常绿高大乔木，确保其具备足够的遮阴条件；对于来自热带地区的动物，应当多选择落叶植物，以满足冬季的采光需求[26]。

（4）水禽湖湿地植物配置

城市动物园内的水禽湖既是园林景观的重要组成部分，也是园内鸟类的活动、栖息空间。水禽湖湿地的植物配置提升既要考虑景观效果，更要注重鸟类习性，打造自然生态的水禽湖湿地景观。

水禽湖湿地的植物选择应当遵循因地制宜的原则，尽可能选择耐酸性的乡土树种，植物应当符合鸟类行为习性，多种植水鸟喜欢采食、集聚和筑巢的植物。应当搭配挺水植物、浮水植物、漂浮植物、沉水植物和湿生植物，尽可能营造层次丰富的湿地生态环境，打造"乔木—灌木—草本植物—湿地植物—水生植物"的群落层次。

其中，水体边缘的植物配置应当注重形态的艺术性，可选取水杉、垂柳等自身线条明显的乔木，搭配色彩丰富且耐水湿的灌木、草本植物，形成优美的水边风景。水体植物的选择则应当与水面大小、水体深度相适宜,同时充分考虑鸟类的栖息、活动,选择鸟类喜欢的植物,并为其营造适宜的隐蔽空间及筑巢产卵地点[27]。

**图 3-85 水禽湖植物配置实景图**
图片来源:作者自摄

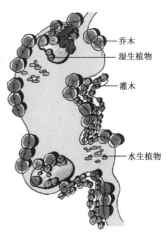

乔木
湿生植物
灌木
水生植物

**图 3-86 提升后水禽湖植物配置**
**平面示意图**
图片来源:作者自绘

（5）公共空间中植物的功能性满足

城市动物园公共活动空间的植物提升应当满足游人遮阴、休憩等需求。提升改造时以原地保留为主,在公共空间中增加树池、林下广场和疏林区的设计,针对现有植物进行合理修建、抽稀、设置围栏支架,并与各个景观要素进行合理的协调配合,形成组景。

**图 3-87 与绿化相结合的休憩设施**
图片来源:作者自摄

**4）水系驳岸**

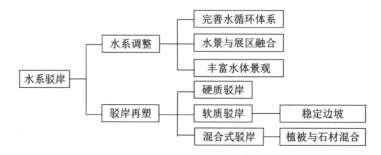

图 3-88 　水系驳岸塑造框架图

图片来源：作者自绘

（1）水系调整

① 完善水循环体系

城市动物园应从完善水质、节约资源等角度出发，在可操作的范围之内完善整个水循环体系。如利用园内的池塘、水系和湖泊存储雨水，利用人工湿地或采取相关措施对水质进行净化，并将存储的雨水用于园内绿地的浇灌等[28]。或是通过引流的方式将冲洗过兽舍的循环水引到绿地，这样不仅可以解决兽舍污水的问题，还能用比较营养的水灌溉绿地。水循环体系不仅能够提高水资源的利用率，而且能够一定程度上缓解水资源浪费，同时确保园内水体具备良好的水质。

② 水景与展区融合

在提升设计过程中，应当考虑水的景观作用，将水系的调整与景观的补充相结合。在充分维持公园现状的基础上，对整个水系进行系统性的分析，通过

图 3-89 　水景与展区融合实景图

图片来源：作者自摄

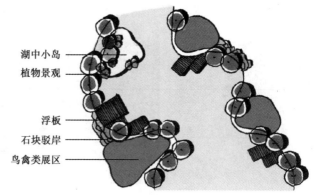

图 3-90 　提升后水景与展区融合平面示意图

图片来源：作者自绘

对地块的合理开挖和填充,将水系规划与全园的布局结构相联系。动物园的水景规划更应注意与展区的融合与隔离,通常在聚集的大水面处设置鸟禽类展区,在原有水面基础上通过改变驳岸形成地表浅流湿地,并利用地形创造动水静水相结合的水体形态。而实际现状为城市动物园的水禽湖大多注重园林景观风貌,采用传统园林水池驳岸的塑造方式,如结合石块设置驳岸,但此类设计方式会对鸟类在陆地和水体间活动造成阻碍。在提升设计中应当为动物增加浮板等通道,并在水禽湖周边增加鸟类栖息地,如固定倒伏树干、支撑柱等设施,方便鸟类在岸边活动、停留、休憩。

③ 丰富水体景观

借鉴自然界水系的岸线形式,设计出曲折蜿蜒的水岸线,以期丰富水体景观,形成岸线曲折的小水湾。曲折多变的水岸可以增大水体与陆地的接触面,增强湿地的净化能力,同时为在此栖息的鸟禽类动物创造舒适安全的隐蔽环境,也为水中生活的小型生物提供异质化较高的生活环境,还可以为不同种类的水生植物创造种植条件。

图 3-91　曲折蜿蜒的水岸线
形式实景图
图片来源:作者自摄

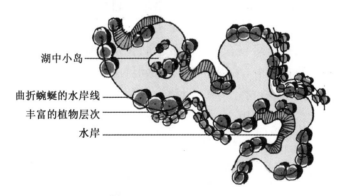

湖中小岛

曲折蜿蜒的水岸线

丰富的植物层次

水岸

图 3-92　提升后水岸线形式平面示意图
图片来源:作者自绘

(2) 驳岸再塑

根据材料的不同,驳岸大体上可以分为硬质驳岸、软质驳岸以及混合式驳岸三种:硬质驳岸的优点在于材料耐冲刷、质地坚实、安全性好,缺点在于透气性较差,无法提供动植物生存的栖息地[29];软质驳岸具有优良的生态性,能够在水面和陆地的交界处提供良好的生态空间,更适宜动植物的生存,但是稳定性较差,安全性不足;混合式驳岸则将以上两者组合搭配,兼具两者优点。

**图 3-93　提升后软质驳岸示意图**

图片来源：作者自绘

　　在驳岸景观营造中，城市动物园为更好地体现生态性，更好地营造自然和谐的园区氛围，园内大多都采用软质驳岸或混合式驳岸，部分区域硬质驳岸也常常以卵石、块石、条石为主要材料。其中卵石驳岸可以为禽鸟提供充足的休憩场所，还能够起到固定堤岸的作用，是硬质驳岸中较适宜的形式。

　　针对软质驳岸，选取根系发达的植物进行稳定边坡以及植物造景的处理，依次形成"陆生—湿生—水生"的植物群落带，植物、石材的搭配是其主要的提升方向。水生植物形成的驳岸能够大量吸收水中的污染物，对水体进行净化。同时，丰富其植物种植，可以在一定程度上防止水土流失。针对现存的较陡或者是冲刷较为严重的部分，采用植被和石材混合式驳岸，对坡度进行一定的护坡处理，坡脚选用天然石材作为垫层材料，并种植中型乔木、灌木和水生植物，兼具美观和固定的双重作用。

**图 3-94　提升后混合式驳岸示意图**

图片来源：作者自绘

## 5）铺装设计

铺装在动物园里除了具有分割空间的作用，在形状、色彩、质感和尺度四个方面都对氛围营造具有关键的作用[30]。辅装的提升设计，首先要选择与城市动物园景观风貌相吻合的铺装类型与材料来突出动物园特色。在铺装破损严重或者需要重新铺设的部分根据原场地状况进行合理铺设，其余部分按照原有铺装式样进行合理铺设。

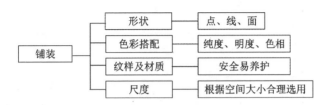

图 3-95　铺装塑造框架图

图片来源：作者自绘

（1）铺装形状的选择

通常铺装的形式分为点、线、面三种形式，点状铺装具有视线聚焦的作用，适当增加能够给空间带来活力；线状铺装中，直线给人以安定感，曲线给人以流动感，折线则给人以动感；面状铺装中，方形给人以安定感，使人产生停留静止之感，三角形更加活泼也更具有指示暗示效果，圆形代表完美与柔润，常采用同心圆与放射线的方式进行自由组合，而仿自然的不规则图形如乱石纹、冰裂纹体现自然朴素之感。

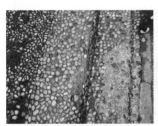

图 3-96　点状铺装

图片来源：作者自摄

图 3-97　线状铺装

图片来源：作者自摄

图 3-98　面状铺装

图片来源：作者自摄

（2）铺装的色彩搭配

铺装根据空间特性进行颜色选择，在公共空间中，暖调带来热烈和兴奋，冷调带来优雅和平和，明度高的颜色营造轻松愉悦的氛围，明度低的颜色带来沉稳和宁静[31]。在城市动物园中，除与办公管理服务场所相关的区域，铺装适合采用明度较低的颜色外,其余公共空间更宜采用暖色调或明度较高的颜色,用于主题氛围的烘托。

(3) 铺装的纹样及材质的选择

材质选择上应注重自然材料与人工材料的搭配,选择防滑、耐腐、抗损性好的材料,避免使用寿命较短、需要频繁进行养护、容易出现破损等现象的材料。同时,应避免大面积使用同材质的眩光材料,防止游客晕眩,引发事故。可以适当在铺装中增加与动物相关的纹路图案,这也有利于动物园氛围的营造。

**图 3-99  动物园内动物图案铺装**
图片来源:作者自摄

(4) 铺装的尺度感

不同大小的铺装能够营造不同的空间感觉,尺寸较大的铺装能够给人一种简约开阔的感觉,尺寸较小的铺装能够给人一种细腻精致的感觉。对不同的空间形式,应当选择不同尺度的景观铺装:在开敞的活动空间,如入口广场、活动广场,可以采用尺度较大的铺装形式;在主题表达性要求较高或者更为私密的区域,如动物展区通道、休憩广场,可以采用尺度较小的铺装形式。

**图 3-100  大尺度铺装**　　　　　**图 3-101  小尺度铺装**
图片来源:作者自摄　　　　　　　图片来源:作者自摄

#### 6）标识系统

标识系统设计不但会影响动物园整体环境的景观效果，而且也会影响其使用功能。根据标识系统与周围环境的关系，可以从环境融入型、风格表现型和互动型三个方向进行提升。

（1）环境融入型

动物园标识系统设计的目的是向游客传递信息，通常对其的要求是和环境相协调，不应该太过出挑。不要一味突出形态与色彩，如采用石块等自然造型和与自然相融合的简洁色彩，确保统一的视觉效果。

**图 3-102　环境融入型标识系统**

图片来源：作者自摄

（2）风格表现型

与环境融入型标识系统相反，风格表现型的标识系统强调自身风格，容易与周围的环境形成对比，标识系统的存在感较强，能够更好地为用户指引方向。风格表现型标识系统使用较少，一般用于服务特定人群、创造特定主题的空间，如动物园的儿童活动等区域，其夸张的造型、明艳的色彩和对比性的材质，能够创造特定的空间气氛。

**图 3-103　风格表现型标识系统**

图片来源：作者自摄

（3）互动型

不同于常规单向传递信息的标识系统，动物园有儿童等特定的受众，可以设置具备良好互动性的标识。如将标识与动物立体雕像、动物局部特征相结合，生动逼真的造型既增强了趣味性，让儿童能够对参观的动物有更清晰的了解，同时又能够起到良好的导示作用。

图 3-104　互动型标识系统

图片来源：作者自摄

标识系统的提升一方面必须满足动物园标识系统的功能性需求，通过导视提示，能够在短时间找寻需要的信息。其中，一级标识为总平面指引，二级标识为区域平面指引，三级标识为点位指引。另一方面能体现本地的精神风貌、地域风俗、人文特征，或者带有此动物园的独特印记。

动物园的标识系统除具备指路、定位等功能外，还具备动植物信息宣传的功能，这对城市动物园科普教育功能的发挥至关重要。一般而言，动物园标识系统展示信息的方式主要分为图文解说装置、互动解说装置、模型、触屏多媒体、短片欣赏、趣味提问卡、导游册等形式，不同形式的标识系统拥有其特有的受众。初次到来的游客需要游览路线、休息区域的提示，前来参观的青少年对富有趣味性的标识系统更感兴趣。标识系统还应当为残障人士提供便利，通过增加无障碍重点设施等内容的标注，便于残障人士在园中进行游览[32]。

**7）公共服务设施**

一般城市动物园的公共服务设施常在以下两方面出现不足：由于建设时间过久，其形式、内容都已经不符合当前人们的审美需求、功能需求，或伴随着自然老化、使用破损问题，急需更换提升。因此，对公共服务设施的改造应本着现代化和人性化的要求，主要从三方面进行探讨，包括卫生设施、休憩设施、科普设施。

（1）卫生设施

动物园的卫生设施包括公共厕所、垃圾箱、垃圾回收站等，对它们的提升设计，在强调位置的合理性的同时，考虑到城市动物园的特殊性以及人群的分布，重点在于动物园趣味性的增加。在条件允许的情况下增添母婴室，以便于人们的使用。作为使用最频繁、最具功能性的卫生设施，垃圾桶与公厕在提升改造中应当进行针对性设计，以保证园内卫生条件和游客的使用便利。

① 垃圾桶

随着城市绿地中卫生设施的设计不断进步，垃圾桶由过去木板钉成的简易"果皮箱"渐渐变得样式繁多、分类细致，与绿地类型及其内部功能布局的联系也不断增强。动物园应当参考游人数量设置足够的垃圾桶，并将其置于动物展区、游览路线和休憩设施等游人较多的区域，同时确保其具备一定的隐蔽性，与座椅等设施保持适当的距离，在方便游人使用的同时避免异味对人的影响。

城市绿地中的垃圾桶应当与环境相协调，在造型、色彩、材质等方面充分融入周围景观[33]，如选取木材、竹子等材料进行装饰。动物园内垃圾桶的设计应当兼顾趣味性，可使用较为明艳的色彩和与动物相关的要素，从细节之中烘托园内活泼轻松的氛围。提升改造中应当根据实际情况调整垃圾桶位置及数量，选择具备净化功能的多功能垃圾桶，并依据现行垃圾分类处理方式对垃圾桶类型进行更新，实现美化环境、突出主题、清洁环保等功能。

**图 3-105 动物园垃圾桶**
图片来源：作者自摄

② 公厕

城市动物园内的公厕建成时间较早，除公厕配套设施与维护落后外，还存在两方面问题。其一，城市动物园游客数量的增长超出了公厕的承载能力，需要对原有公厕适当扩建。其二，早期公厕的外形及内部设施、装饰不能够满足如今游客的需求[34]，缺乏对动物园主题的凸显。在动物园提升改造中，应当对原有公厕进行扩建，根据游客数量设置足够的蹲位，并在建筑外立面及内部装修中融入动物元素,如用石块、植物进行装饰,增加动物元素的雕像、贴纸和隔板等。还可以结合周边动物展区,打造动物主题公厕,使游客从点点滴滴中对动物产生真切的认识,更好地起到教育科普的效果。

**图 3-106　动物园公共厕所**
图片来源：作者自摄

（2）休憩设施

休憩设施是动物园中人群利用率最高的设施,包括座椅、凉亭、休憩驿站等,分布于中心广场、休憩广场、沿路节点以及动物展区内,是游人停留休憩、观赏的必要设施。由于生产年代较为久远、后期养护相对缺失,大多城市动物园建成时所设置的休憩设施都已经遭到不同程度的破坏,失去了部分使用功能。

在城市动物园休憩设施的提升设计中,应当根据游客数量适当增加设施数量,在动物展区周边及其他人流量较大的区域增加亭廊等休憩设施,并根据原有设施的损坏程度对其进行新建和修复。休憩设施的提升改造应当兼顾景观性与功能性,材料的选择以木材、竹子、石材等生态材料为主,并对木材等材料进行防潮、防腐处理,使休憩设施能够与景观融为一体。

**图 3-107　动物园休憩设施**
图片来源：作者自摄

休憩设施的提升设计应本着以人为本的原则,在设施的功能、尺寸方面满足人体工学与行为心理学的设计要求,使安全、舒适、有效成为可能。休憩设施的位置应当选在有高大乔木的场地空间,以便为游客提供林荫。同时,休憩设施应当具备良好的景观视线,以便为游客提供良好的观景视野和赏景空间。

（3）科普设施

城市动物园的科普设施是宣传生物多样性、环境保护理念和增强游客体验的重要渠道,使得城市动物园变成环境保护者的孵化器,让人们了解动物保护的现状,并积极参与其中。

科普设施可以分为科普馆、动物说明牌和信息展示设施。其中,科普馆是动物园科普宣传中最重要的活动场所,其所设置的科普教室、图书阅览室、影片播放厅为游客系统化学习动物科学、自然科学提供了机会。

**图3-108　动物园科普设施**
图片来源:作者自摄

动物说明牌是城市动物园中最基本的科普设施,设置在各个动物展区周边,能够让游客快速了解展示动物的名称、属地和基本生物学知识。许多动物园将动物形象、卡通元素和动物说明牌相结合,能够提升游客对说明牌的关注度,传递动物相关信息。

信息展示设施不同于动物说明牌,此类设施不仅向参观者传递了有关动物园动物保护的历史信息,还提供了展区建设、野外保护工作、捐赠情况等诸多内容,能够让游客深入了解城市动物园历史及其职能。如上海动物园中设置的爱心亭,通过讲述园内动物的亲身经历,呼吁游客不要自带食物进行喂食,以更具创新性和启发性的方式进行科普教育[35]。

### 3.2.6　专项提升

#### 1）动物福利专项

动物福利是指让动物在康乐的状态下生活,即为动物提供适宜的环境,让动物处于协调的精神与生理状态之中。动物应当享有五项权利,即不受饥饿;不生活在不舒适的环境中;不受惊吓和精神打击;不遭受疾病、损伤和疼痛;不被剥夺自然生活习性[35]。最初的动物福利主要针对的是高密度集约化的畜牧

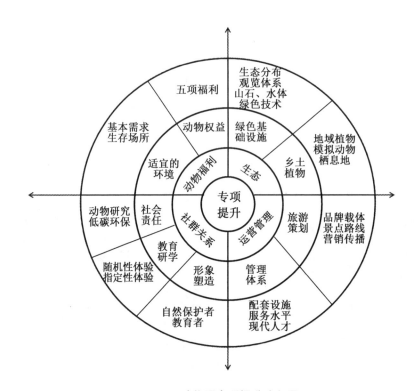

**图 3-109　动物园专项提升流程图**

图片来源：作者自绘

养殖业，如今其已经延伸到与动物相关的方方面面。城市动物园的建设也应当有针对性地提升动物福利，为动物长期健康的生存提供保障。

（1）满足动物生存的基本需求

应当满足动物在饮食方面的需求。不同的动物在食物和饮水等方面的需求差异较大，在动物园管理中应当确保科学供给，不允许出现以经费短缺为由的长期断食等情况。在猴、鹿、熊等特定的动物饲养区域，应避免参观者抛撒食物造成的采食过剩、营养过剩情况的出现。

（2）提供动物舒适生存的场所

充分的空间和仿生环境营造也是有必要的。许多动物园采用玻璃展柜等狭小的展览空间饲养动物，以降低展览和饲养的成本。此类展柜与观赏者接触较为紧密，当人们对展柜做出惊吓、驱赶等行为时，动物很容易受到较大的刺激，从而产生应激反应，影响身心健康。在环境营造时，应当模拟自然状态的展览环境，并提供充足的空间给动物生活[36]。在场地布置时，应当考虑动物本身玩耍、取食、社交的需求，为动物提供树桩、链条或假山等设施，激发动物的自然行为。

（3）提高从业人员的素质

动物园内的从业人员是与动物接触时间最长的群体,动物福利的实现从根本上取决于饲养员们对待动物的良好态度。饲养员应当提升本身的文化素质和管理水平,熟悉动物的生理习性、日常反应,避免伤害、恐吓动物等行为的出现。动物园还应当定期组织培训、学习,邀请相关专家对从业人员进行教育,并以标准化流程规范从业人员的工作,以有效维护动物福利[37]。

（4）提供及时有效的医疗保障

为避免动物长期处于疾病和痛苦的状态,动物园应当为动物提供及时的医疗保障和定期诊疗。在医疗保障方面,应当配备专业的兽医队伍,购置B超机、生化检测仪等先进医疗设施设备,并完善动物健康保障体系。当出现动物死亡情况时,及时进行无害化处理,并将有特殊价值的尸体建档,提交有关机构处理,避免非法买卖动物尸体的情况出现[38]。

**2）生态专项**

（1）绿色基础设施

绿色基础设施能够保护城市中的自然绿色空间,强化自然空间脉络连续完整,推动城市自然支持体系的生存与发展,成为城市重要的"软"基础设施。动物园具备生态教育功能,作为绿色基础设施应用及示范的载体,其在考虑生态分布、观览体系、基础设备、山石水体架构等因素的同时,还应结合景观绿色技术进行规划设计。综合雨水花园、生态草沟、下凹式植被等的精心设计,园区水景利用植物、沙土净化雨水,使其不断渗入土壤以涵养水源,或使之作为景观、厕所用水的补给水源。除此之外,园中的展览馆、员工宿舍区、游客服务中心和旅社等建筑都应全方位采取绿色技术,强化对清洁能源,特别是太阳能和地热能的使用,彰显园区的生态示范性[39]。

图3-110　绿色基础设施剖面图

图片来源:作者自绘

（2）乡土植物运用

乡土植物是指本地区原有的天然分布的植物种群。城市动物园所在地域内的原生植物能够很好地适应地域内的环境,是本地域内最具有生命力的植物。对原生植物的保护和利用不但减少了大量的栽植,成本相对低廉,而且降低了后期维护难度,同时取景自然,突出地域特点,寓生态保护教育于无形。设计中应尽量对胸径 25 厘米以上的树种给予保留,对其他生长较好的原场地植物进行移植。展区植物的选择则需尽量模拟动物栖息地的植物分布进行布置。

表 3-7　我国不同片区乡土植物品种表

| | 乔木 | 小乔木 | 灌木 | 藤本植物 | 草本植物 |
|---|---|---|---|---|---|
| 华北地区 | 银杏、白蜡、法桐、北方栾、旱柳、悬铃木、钻天杨、白桦、硕桦、糙皮桦、千头椿、香花槐、丝棉木、元宝枫、梓树、三花槭 | 海桐、紫玉兰、黄杨、黄栌、大叶黄杨、木槿、沙棘、紫薇、石榴、山茱萸、流苏、接骨木、金银木、荆条、石榴、串钱柳 | 白娟梅、火棘、贴梗海棠、华北珍珠梅、太平花、蜡梅、山梅花、铺地柏、矮紫杉、玫瑰、月季、榆叶梅、卫矛、天目琼花 | 大叶马兜铃、大叶铁线莲、紫藤、地锦、爬山虎、葛藤、五味子、金银花、南蛇藤 | 三色堇、金鱼草、大丽花、菊花、波斯菊、百日草、一串红、紫罗兰、二月兰、羽衣甘蓝、矮牵牛、金鸡菊、美人蕉、秋葵 |
| 华东地区 | 合欢、槐树、栾树、刺槐、悬铃木、元宝枫、旱柳、山桃、晚樱、毛白杨、白榆、皂荚、桧柏、侧柏、白皮松、雪松、油松、华山松、玉兰 | 鸡麻、连翘、溲疏、大花溲疏、红瑞木、金银木、珍珠梅、柳叶绣线菊、棣棠、大叶黄杨、紫荆、猬实、圆锥绣球、珍珠梅 | 紫穗槐、扁担木、鼠李、荆条、胡颓子、金银木、绣线菊、紫叶小檗、小叶黄杨、紫丁香 | 爬山虎、紫藤、藤本月季、木香、凌霄花 | 阔叶土麦冬、麦冬、大花萱草、玉簪、二月兰、紫花地丁、地锦、石竹、葱兰 |
| 华南地区 | 木棉、大叶榕、细叶榕、荷木、银桦、大叶相思、台湾相思、马占相思、石栗、木麻黄、高山榕、苦楝、柠檬桉、大叶桉、乌桕、刺桐、王棕 | 紫薇、人面子、阴香、龙芽花、非洲桃花心木、柚木、扁桃、蝴蝶果、蜡梅、大叶黄杨、无花果、柳杉、火力楠、腊肠树、沙梨、秋枫、 | 九里香、大红花、重瓣大红花、红花夹竹桃、黄花夹竹桃、黄素馨、素馨、茉莉、木芙蓉、七里香、水石榴、山指甲、安石榴、鸡蛋花、洒金榕、冬青 | 炮仗花、簕杜鹃、紫藤、葡萄、金银花、五爪金龙、日光花、落葵、鹰爪、辟荔、七姐妹、铁线莲、大花牵牛、使君子、爬墙虎、珊瑚藤 | 大丽花、吉祥草、姜花、美人蕉、百子莲、玉簪、飞燕草、香雪兰、石竹、松叶牡丹、口红花、雁来红、金盏花、非洲菊、松叶菊、向日葵、万寿菊、波斯菊 |

注：作者自绘

### 3) 运营管理专项

#### (1) 旅游策划提升

旅游策划的主要目的是提升城市动物园在市场的占有率,充分扩大其品牌效益,分以下三大类进行策划。

#### ① 品牌载体策划

将城市动物园的抽象品牌形象通过具象的方式进行表达,将对消费者的承诺融入动物园品牌载体的策划中,一旦消费者接受了这样的信息传递,也就意味着利益点的传达完成。品牌载体的策划可以提升动物园在社会中的信誉,进而提高其在市场中的占有率。品牌载体策划共分为前期、中期、后期三部分。前期主要针对现有的利益点以及市场情况进行分析,了解消费者的倾向;中期基于此对名称、标志、口号、吉祥物、活动进行合适的设计,打造合适的品牌形象;后期是品牌形象的具体推广,可结合相应营销策划一起完成。

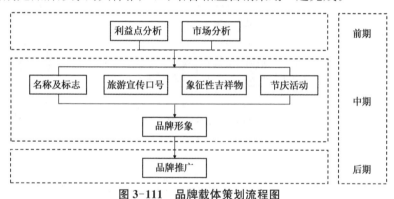

**图 3-111 品牌载体策划流程图**

图片来源:作者自绘

在品牌载体的策划中,要注意识别性、强调差异与个性,图像类要注意造型,保证其独特的和谐美感和视觉冲击;文字类要注意其易读性,在使用时保证其延伸性。具体塑造要点如表 3-8 所示:

**表 3-8 塑造标准要点**

| 塑造要素 | 塑造标准 |
| --- | --- |
| 名称 | 反映其特征;利益点的传递;单义性 |
| 标志 | 简洁大方,具有视觉冲击力;隐喻性;特色性 |
| 旅游宣传口号 | 简短有力,朗朗上口;旅游资源特征;利益点的传递 |
| 象征性吉祥物 | 简洁大方,具有视觉冲击力;隐喻性;特色性 |
| 节庆活动 | 主体性;长期性 |

注:作者自绘

② 项目景点路线策划

城市动物园的项目设计包括景点、游乐、休憩、餐饮等项目。其中景点的选择要注意景点之间的切换衔接以及动物园特色的体现，景点项目的确定要具有针对性，路线的选择要注意主题性，并在合适的位置加入餐饮点与购物点，保证游客的需求得到满足。

③ 营销传播策划

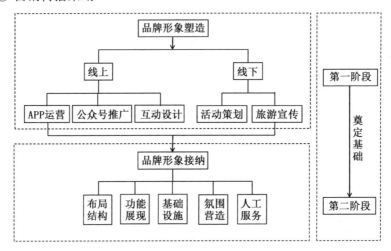

图 3-112　营销传播策划流程图

图片来源：作者自绘

a. 第一阶段

第一阶段是消费者做决定之前，他们通过各类媒体形式，包括平面媒体、电视媒体、网络媒体、宣传手册等对城市动物园有了初步的了解，这个阶段的目的在于建立品牌形象。第一阶段从线上和线下两方面进行：

线下宣传是宣传的主要方法之一，兼具目标针对性、信息传达完善的特点。

图 3-113　展览活动线下宣传

图片来源：作者自摄

尤其城市动物园主要的客源为青少年、儿童,可以利用其自身保护教育的特性以及对儿童的天然吸引力,在学校开展各式展览活动,包括图片展、主题授课活动以及相关节庆活动,同时也可以和当地的旅行社进行合作,制定合适的旅游线路,进行全面的推广宣传。

线上的相关营销宣传可以从网站的完善、动物园 APP 的运营以及相关公众号的推广等多方位进行全面操作,构建一个集咨询、互动、教育于一体的全方位线上平台。功能上可以参考发展较为先进的主题公园的线上宣传手法,如迪士尼,其网站除了提供必要的信息咨询外,还提供了在线游戏、在线图书、在线预订等多种功能。城市动物园的线上平台同样可以增加互动类游戏、动物认养活动等。此外,可以通过动画、声音、文字对线上宣传进行多方位设计,为浏览者带来多重的感官感受。

b. 第二阶段

第二阶段是消费者在园内的体验过程,包括动物园的布局结构、功能展现、基础设施、氛围营造、人工服务等,将品牌主体贯穿在动物园游览之中,让消费者将之前得到的信息与感受融合,这是消费者真正接纳动物园形象的阶段[40]。在这一阶段,前期动物园的建设为此奠定了一定基础。除此之外,加强对动物园内工作人员服务性、专业性培训有利于此形象的完善。

(2) 管理体系提升

按照国务院规定,城市动物园属于国家建设部主管,下设中国动物园协会主持具体事务,为事业单位性质。传统城市动物园在向现代动物园的转变过程中,必然面临着管理构成的重组。近些年来,我国城市动物园已经逐渐开启吸引社会资本注入的建设模式。但从总体上来讲,我国的城市动物园与野生动物园都还只是现代动物园的雏形,重组的核心在于:城市动物园全面参与,提供全面技术支持,承担动物保护、科学研究、教育等职责;开发商(入资者)提供启动资金或建设资金以此来减轻政府的财政压力,并负责动物园的经营运作;政府则在宏观层面进行把控,协调双方关系。但其教育属性为主、旅游属性为辅的双重特点,决定了动物园的运营管理不能全盘市场化和过度商业化。动物园应在遵从公益性原则的基础上,建立精简的管理机构,受政府委托进行管理,而动物园的养护管理维修应通过招投标的方式进行企业选择,以降低成本[41]。动物园还可以通过茶室、餐厅、小卖部等经营项目提高经济效益。基于上述要求,在动物园管理体系的提升改造中,应当在以下两方面进行针对性改造。

① 优化动物园配套服务设施及服务水平

城市动物园应当具备良好的游园环境、健全的配套服务设施和良好的服务水平,以满足游客的需要。动物园提升改造应当重视此方面工作的开展,做到软硬件全面提升。

在软件方面，应当提高动物园的服务品质和服务人员的整体素质，动物园的工作人员应树立"全心全意为游客服务"的思想，以真诚的服务赢得游客的认可度、提高动物园的美誉度，以优质的服务打动更多前来游玩的游客。

在硬件方面，应当重视游园环境的改善，营造干净整洁、鸟语花香的游园氛围，为游览者提供相对理想的游览状态。建立健全配套服务设施，按客流量增设厕所蹲位、休憩区座椅、餐饮休憩点等，满足不同游客的不同需求。同时，应当积极调查游客的需求，基于此改善动物园服务的内容和形式，以游客更喜欢的方式为他们提供服务，如设立便民服务站、免费开水供应点、老幼病残孕休憩区等。

图 3-114　直饮水供应
图片来源：作者自摄

图 3-115　室外休息区
图片来源：作者自摄

② 引入现代人才培养及营销手段

对动物园经营管理而言，专业管理人员的培养模式以及营销手段的提升是其经济效益提升的重要制约性因素，应高度重视专业化动物园管理人才的培养。一、要注重对动物园在职管理人员的培训和教育，让他们学习先进的动物饲养技术，用现代化的动物园管理方式对动物园进行维护，以保证其管理的科学化。二、应当积极使用现代营销工具，将动物园的信息传播到互联网上，利用新媒体平台进行传播，使得更多的城市居民可以及时获得动物园各方面的信息，实现游客与动物园的信息交流[42]。

**4）社群关系专项**

（1）形象塑造

通常情况下，城市动物园在城市绿地建设中具有唯一性，是连接城市人群和野外环境的重要桥梁。传统动物园的主要特征是以动物为取乐的对象，而现代动物园则把自然保护和保护教育作为重要使命，以向公众传递正确的自然信息为使命,展示方式力求自然化和生态化,最大限度地体现野生动物自然栖息地特征,展示野生动物的自然行为。基于此,公众可以感受到保护自然的重要性,能够自觉充当自然保护和教育者的角色。城市动物园提升改造应当不忘社会职责,在探索动物园现代转型中实现社会效益、生态效益和经济效益的同步增长。

(2) 教育研学

城市动物园为公众提供了便利的教育环境,使游客有机会近距离接触大自然和动物,通过展示向游客传达正确的知识,使游客在轻松愉快的游园过程中,直观地了解动物及其栖息地信息、动物的自然行为,思考环境对动物生存的重要性以及人与动物的关系。这样的环境一方面可以提供科普知识,另一方面还能够培养人的同理心。动物和人类一样有自己的家园和社群关系,有吃喝住行的基本生活需求和繁衍生息的生理需要,也有表达自然行为和社会交往的需要同样值得人类尊重与保护。

教育研学的开展有赖于动物园的展示设计和管理,动物园可以通过科普场馆、宣传标牌、雕塑小品的设置,展示与动物相关的科普保护信息。在动物园的建设过程中,科普馆不仅仅只具有展览展示功能,其现场保护教育不仅仅依赖展品展板而一劳永逸。教育研学需要在教育设施的硬件支持下,开展多种多样生动的教育活动,以促进公众对动物的了解和尊重,引导公众在游览过程中自觉规范行为,为那些无法直接参与栖息地保护的公众提供间接保护动物的机会,以实现动物园保护教育的职责。

① 随机性体验

自游人进入动物园起,其行为就被"设计"所影响,除了将陈列式展览提升为沉浸式展览以营造"拜访动物的家"的尊重感外,也可以通过直接的方式给游客带来期待和尊敬之感。因此,营造随机性体验的方式主要可以从以下三方面展开:

a. 平面形式

平面形式包括明确的文字、图像、展品、讲解,以平面形式营造随机性体验的实施途径包括说明牌、科普展示、现场讲解、展区地标及导向设施。这种形式的优点为设置方便,可多点多次布局,但由于相应的参与性较差,因此很难抓住游人尤其是青少年、儿童的注意力。为此,可以对平面形式进行适当的卡通化,颜色选择尽量丰富化,以加深游人对动物的认知。同时该形式从动物园的设计上表达保护教育理念,通过参观路线区域控制以及视线设计约束游客自觉规范行为,这种设计遍及游客所达之处,其所见、所听、所感都能印证保护教育传达的内容,是最为直接有效的方式。

b. 实体形式

实体形式强调看到动物在活动、与动物互动、与动物合影。这种形式适合通过设置动物模型、模拟材质、模拟标本来实现。按照一定的比例所制作的真实的动物的局部或者是整体，能为游人带来更为直观的感受从而加深其对动物的认识。

c. 多媒体形式

多媒体形式近年来才被运用到动物园的保护教育中，是一种通过影像来配合其他体验方式的展示形式，特点为利用多媒体给游客带来"当下即真实"的体验，同时也可以配合人员的解说和演示起到身临其境与保护教育宣传的双重作用。

**图 3-116　上海动物园的随机性体验**
图片来源：作者自摄

② 指定性体验

指定性体验是指有组织的针对受众开展互动类及非互动类保护教育活动，非互动类的活动包括话题类的讲座、沙龙、饲养员分享会，互动类的活动包括夏（冬）令营、一日游、主题课堂等。这些活动的开展能够满足人们对看不到的幕后部分内容的好奇心，是动物园发挥保护教育职能的重要实践途径。

动物园作为保护机构，有其必须遵循的价值取向。保护教育的传播内容有普遍存在的问题，虽然当下无法解决，但不能在保护教育内容中出现[43]：

不提及野生动物的经济价值，包括药用、食用、皮毛用等；

不鼓励将野生动物作为宠物饲养；

不使用与动物行为所表达的情绪意思相左的人格化描述，如"跳舞熊"其实是动物的刻板行为，黑猩猩所谓的"笑脸"表达的真实情绪是恐惧；

不展示以活体脊椎动物为诱饵所导致动物发生的攻击或捕食行为；

⋯⋯⋯⋯⋯

动物园的教育研学不应当只停留在宣传层面，还需要结合行为管理的设施，实现推进。如面对长期存在的游客投喂、敲打等影响动物生存的不利行为，除了将此信息通过广播的方式告诉游客外,更应当采用合理的隔障设施保护动物安全,从保护教育的角度让游人真正地了解动物。

（3）社会责任

不同于以动物为取乐对象的传统动物园,现代城市动物园把自然保护、动物研究和教育作为重要的使命,在动物展示的过程中向公众传递自然信息,力求打造自然生态化的展示方式,最大限度地体现野生动物自然栖息地特征,展示野生动物的自然行为,使公众了解动物与人的关系,萌发保护自然的意识。在盈利之余,现代城市动物园应当承担起社会责任,在动物研究、环保等方面发挥自己的作用。

① 动物研究

城市动物园与自然保护是相辅相成、互相促进的,动物园既是重要的野生动物异地保护基地,也是对野生动物相关知识进行研究和积累的重要场所,是动物研究的重要组成部分。城市动物园应当积极投入对动物的研究,基于对动物自然栖息地、动物行为习性和栖息地特征、动物生理心理需求的了解,进行日常饲养管理,规划和建设生态化的动物笼舍。同时,只有更好地了解动物的解剖和生理、病理知识,才能有效地进行疾病预防和诊疗,保障动物的健康,为未来更好地进行动物的野外救护和自然保护提供支持。

② 低碳环保

城市动物园作为自然保护的先锋,应当在低碳环保方面做出示范和表率。作为城市的重要组成部分,城市动物园不仅要妥善处理动物产生的污水污物等,更应当重视动物园所承担的低碳环保的社会责任,成为自然保护的先行者和教育者。比如,在动物园的建设与管理中,提出二氧化碳零排放的建设目标,将动物排泄物经生物处理变为有机肥料;污水经生物净化再循环使用;笼舍采用建筑节能技术;使用风能、太阳能等无排放清洁能源;采用自然采光和通风设计;通过植物的合理配置以吸收动物排放的二氧化碳;雨水的收集和再利用;使用低能耗高效率电器等。

## 3.3　未来城市动物园发展趋势总结

首先,城市动物园的整体景观风貌和动物展示形式将进一步生态化、沉浸化。一方面,在动物福利的观念越发深入人心的今天,城市动物园中的动物展区将不断摆脱过去生硬的笼舍模式,更加趋近于微缩版的动物栖息地。人们不仅能够观察到动物本身的样貌,更能够了解动物的生活环境和自然行为,体会人、动物与自然和谐相处的氛围。另一方面,随着人们对生态化理念的认识不断更新,不仅动物展馆内部设计追求对原栖息地的生境模拟,而且城市动物园整体植物、建筑、水体、道路等园林要素的设计也向生态化发展,力求在城市动物园中营造一个巨大的自然化环境,让游人更加深入地体会自然之美。

其次,城市动物园的展示形式和设施建设将更加具备交互性与融入性。随着科普教育形式的进步和科学技术的发展,VR、AR、模拟仿真等技术不断地被应用于城市动物园设计之中,游客可以通过VR装置观看到动物进食、嬉戏、繁殖等平时难得一见的画面,从而实现动物园科普教育时间与空间上的扩容。体感互动和投影技术还为城市动物园打造具备交互性和体验性的动物游戏提供了硬件支持,可以让参与者身临其境地感受动物的千姿百态,提升科普教育的吸引力。

最后,城市动物园的各个展示区域、景点、经营项目将进一步主题化。随着城市动物园的不断发展和业态的进一步丰富,各类经营项目的多元化、体验化与主题化成为提升城市动物园竞争力的方式。城市动物园通过营造出独特的主题情境,以此为线索串联动物展区和各类经营项目,通过主题场景的构造,营造主题氛围,以增强城市动物园吸引力,满足游客愉悦身心、猎奇的需求。同时,主题化还能够增强城市动物园的品牌吸引力,提升其在同类产品中的竞争力和园区各业态的造血功能。

## 3.4　本章小结

城市动物园的提升设计需要综合考虑人、动物与环境等关系,是一个复杂而长久的过程,然而我国如今尚无系统的城市动物园提升标准。本章明确了城市动物园的提升设计目标,结合公园提升以及城市动物园建设的相关法律法规、标准及理论研究,明确了城市动物园提升设计的五大理论依据,并在此基础上提出了保护性原则、功能性原则、生态性原则、整体性原则、安全性原则和地方性原则这六大提升设计原则。

城市动物园提升设计的内容包括理念定位、整体氛围、布局结构、功能分区、园林要素及各专项的提升工作,专项又分为动物福利专项、生态专项、运营管理专项和社群关系专项。

在诸多设计内容中,最首要的就是对城市动物园的理念定位进行更新与提升。整体定位作为动物园设计的出发点,能够指导动物园提升设计的大方向,为城市动物园更好地发挥本职功能提供引导。对理念与特色的更新则能够让城市动物园紧跟时代发展和城市建设的潮流,在如今愈发激烈的竞争中形成独特的品牌,获得更强的竞争力。

在此基础上,城市动物园的提升设计需要对整体氛围、布局结构等建设框架进行合理调整。城市动物园的整体氛围体现在平面、立面和空间三重维度上,能够奠定其基调,协调园内动物与人对空间的使用关系和动线组织。布局结构主要包含边界入口、交通路网和展示线索,决定了城市动物园的可达性、可进入性以及内部各个展区位置的便利性与逻辑性。

功能分区提升是城市动物园提升设计中最重要的部分。城市动物园功能分区包括动物展区、入口服务区、休闲活动区、科普教育区、办公管理区五个部分,分别面向动物、游客和动物园内部工作人员。动物展区的提升设计包括展区布局形式、展示环境等方面,通过改变隔障、丰容、高差等要素,提升动物在展区内的生活质量,同时让游客能够更好地感受到动物与其原本栖息地的关系。对游客活动空间而言,提升设计致力于增加休憩设施、提升面状空间、调整观赏点位置,以提升游客游憩、观赏动物的体验。

在园林要素提升中,分别针对原有道路、建筑构筑物、绿化造景、水系驳岸、铺装设计、标识系统和公共服务设施进行提升,这对城市动物园整体园林氛围的营造具有较大的影响。

专项提升则针对动物福利、生态改造、城市动物园运营管理和社群关系进行理论指导,以期使城市动物园更好地满足动物的生活需要,符合城市发展的趋势,并增强动物园自身造血能力,更好地发挥其作用。

城市动物园提升方法研究不能盲目模仿国外优秀的改造案例,应该研究其规划精髓,并合理运用在符合我国国情及特色的城市动物园提升中;应该按照步骤合理规划,抓住定位及特色,形成一定的规划模式,有效地促进我国城市动物园的更新进程。

## 参考文献

［1］翟国羽. 可持续发展理论下佳木斯亚麻厂改造再利用研究［D］. 长春:吉林建筑大学,2017.

［2］吴良镛. 北京旧城与菊儿胡同［M］. 北京:中国建筑工业出版社,1994.

［3］康兴梁. 动物园规划设计［D］. 北京:北京林业大学,2005.

［4］吴幼容,郑郁善. 生态园林设计与植物配置［J］. 赤峰学院学报(自然科学版),2011,27(02):44-45.

［5］王俊杰. 基于动物友好理念下的现代动物园规划研究:以上海动物园总体改建规划为例［J］. 中外建筑,2018(05):120-123.

［6］郭红梅. 上海动物园乡土景观和乡土动物展区设计［J］. 上海建设科技,2018,229(05):67-69.

［7］李青,东莹. 让空间回归动物——济南动物园散养区二期改造工程浅析［J］. 园林科技,

2014(04):36-39.

[8] 李贝. 基于空间设计理念的动物场馆生态化改造探析[J]. 安徽农业科学,2014,42(6):1747-1750.

[9] 李凤朋. 基于生态优先理念的动物园规划设计策略分析[J]. 现代园艺,2017(14):107-108.

[10] 李志华,陈哲华. 城市动物园规划设计三元论:以广州动物园为例[J]. 广东园林,2017,39(3):23-28.

[11] 崔文波. 城市公园恢复改造实践[M]. 北京:中国电力出版社,2008.

[12] 林凌. 城市公园改造设计研究[D]. 杭州:浙江大学,2009.

[13] 金惠宇. 我国野生动物园建设与发展对策初探[J]. 野生动物,2001,22(1):40-42.

[14] 刘桂林,赵强,章淑辉. 城市公园的设计理念和生态建设[J]. 黑龙江科技信息,2007(22):165.

[15] 张昆曜. 我国城市老公园改造研究[D]. 重庆:重庆大学,2015.

[16] 陈昌菊,徐翊军. 木材在动物园园林景观及动物场馆中的应用[J]. 中国林副特产,2019(03):89-90,92.

[17] 刘小青,吴其锐,王静,等. 动物园动物的应激行为与动物福利管理[J]. 野生动物,2012,33(1):51-53.

[18] 鄢平,李洪文,徐珍,等. 环境丰容对普通鸳行为影响初步研究[J]. 野生动物学报,2015,36(03):330-333.

[19] 崔雅芳. 两栖爬行动物馆环境设计:以北京动物园两栖爬行馆改造项目为例[J]. 风景园林,2016(09):16-22.

[20] 周璐. 城市动物园生态展示区设计初探[D]. 北京:北京林业大学,2009.

[21] 刘文佳. 城市公园中休闲运动空间的景观设计研究[D]. 大连:大连工业大学,2013.

[22] 涂荣秀,谢琼燕,夏欣,等. 动物园科普设施的设计与制作要素分析[J]. 野生动物学报,2014,35(S1):46-49.

[23] 张伟,张帆. 从受众出发策划科普展览——以北京动物园北极熊展区科普展示设计为例[J]. 野生动物学报,2014,35(S1):13-17.

[24] 彭仁隆. 由国际动态谈动物园未来[J]. 世界动物园科技信息,2004,5(9):28-30.

[25] 周在春. 风景园林设计资料集:园林绿地总体设计[M]. 北京:中国建筑工业出版社,2006:40.

[26] 刘健. 浅谈动物园植物造景[J]. 现代园艺,2018,358(10):84.

[27] 汪伟. 微栖息地营造方法在城市动物园鸟类展区设计中的应用[D]. 苏州:苏州大学,2018.

[28] 陈楠,汪冠宇,杨健,等. 浅谈城市绿地中雨水资源的利用[J]. 给水排水,2016,52(S1):181-183.

[29] 诺曼·K.布斯. 风景园林设计要素[M]. 曹礼昆,曹德鲲,译. 北京:中国林业出版社,1989.

[30] 张远环. "动物、人、自然"和谐的乐园:广州动物园飞禽大观景区改造[J]. 今日科苑,2008(10):296.

[31] 李贝. 城市动物园在场馆生态化改造中的一点思考[J]. 畜牧兽医科技信息,2014(10):4-6.

[32] 陈苑文. 动物园导示系统设计研究[D]. 南京:南京工业大学,2013.

[33] 马琳. 园林绿地中垃圾桶的应用[J]. 园林,2017(2):68-71.

[34] 严锐锋. 佛山房地产开发配建公厕设计初探[D]. 广州:华南理工大学,2017.

[35] 李鹏飞. 园林驳岸的设计研究[D]. 北京:中国林业科学研究院,2014.

[36] 区伟耕,郭春华,李宏耕. 新编园林景观设计资料 5:园林铺地[M]. 乌鲁木齐:新疆科学
出版社,2007:6.

[37] 韩晶晶. 动物园的动物福利管理[J]. 当代畜牧,2013(7):9.

[38] 陶照生,胡家辉. 动物园动物福利的主要内容[J]. 养殖与饲料,2016(05):35-36.

[39] 谌誉中. 基于游人行为、心理的公园地面铺装设计探析[D]. 昆明:云南艺术学院,2012.

[40] 裘鸿菲. 中国综合公园的改造与更新研究[D]. 北京:北京林业大学,2009.

[41] 范菁. 无锡动物园品牌塑造研究[D]. 武汉:武汉工程大学,2016.

[42] 王华. 当前动物园经济效益提升策略探讨[J]. 中国高新技术企业,2015(9):184-185.

[43] 王兴金. 毋忘社会责任 探索动物园现代转型之路[J]. 广东园林,2012,34(1):4-6.

# 第四章

# 提升设计案例研究

——以"临沂动植物园"为例

　　基于第三章对城市动物园提升设计的研究，本章选取笔者实际参与的临沂动植物园提升项目展开论述，将理论与实践结合。临沂动植物园计划在南部增

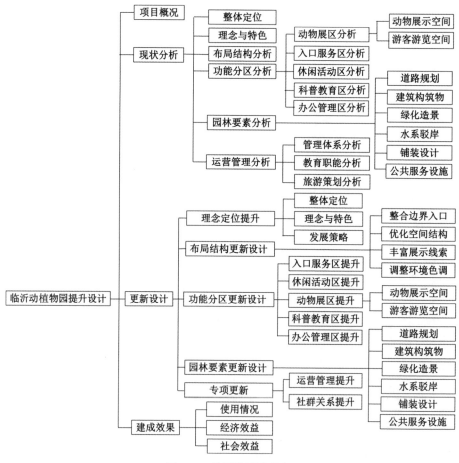

**图 4-1　第四章研究框架**

图片来源：作者自绘

设亚洲规模最大、海洋生物种类最全的极地海洋世界,以此为契机对全园进行一次系统性的提升。笔者将按照前文研究内容对该项目进行提升设计分析,以期能够进一步丰富城市动物园提升设计方面的实践经验。

## 4.1 项目概况

临沂动植物园旧址位于山东省临沂市兰山区北郊,由临沂市人民政府出资建设,始建于 1999 年,于 2000 年 4 月建设完成并于当年开园,是国家 AAAA 级旅游景区。临沂动植物园西侧为临沂市青少年示范性综合实践基地,此基地是临沂市研学游地点的重要组成部分,东临沂河,南接枋河和沂河大水库,北临沂河大桥,为沂河、柳青河、枋河交汇处,园内水体景观丰富。

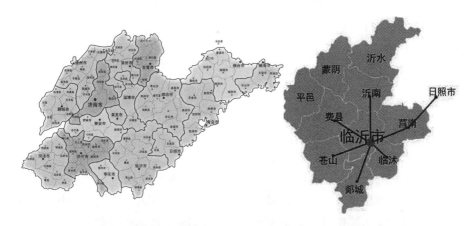

**图 4-2 场地区位图**

图片来源:作者自绘

临沂动植物园的区位优势明显，其距离市区仅40分钟车程，是东部生态城的建设核心，也是临沂市"沭河—马陵山"风景区、蒙山沂水大旅游格局的重要组成部分，拥有较好的旅游发展区位优势。区位因素是推动一个城市公园在城市化进程中不断提升的重要动力，对其所在的地理优势、交通优势以及未来的发展趋势都有很大的影响。

2012年，临沂动植物园搬迁，原址变为国际雕塑公园，兼有植物园功能。新址迁至临沂经济技术开发区朝阳街道，位于临沂东部生态城旅游度假区核心位置，园区占地面积1 580亩，年可接待游客260万余人次。园区共分为动物园区、植物园区、青少年示范性综合实践基地、国防教育园、极地海洋世界、游乐园六大功能区。其中，动物园区建有动物场馆62处，饲养国宝大熊猫、金丝猴、华南虎，以及白虎、东北虎、非洲狮、金钱豹、长颈鹿、河马等各类珍稀野生动物200多个物种，3 000多只。其规模、数量位居全省第二，成为鲁南、苏北地区具有较高知名度的旅游热点。

## 4.2　现状分析

### 4.2.1　整体定位

临沂动植物园作为临沂市打造"沭河—马陵山"风景区、构建蒙山沂水大旅游格局的重要组成部分，集休闲、娱乐、科普、教育及野生濒危动植物保护等多种功能于一体，致力打造"全国区域生态养生特色度假区""全国青少年教育实践平台""山东省动植物研究展览基地"，是鲁南地区重要的旅游目的地。这座临沂城"后花园"的建成结束了临沂没有动植物园的历史，集中体现了沂蒙文化，带动了城市开发建设，激发了人们"热爱自然、尊重生命"的生态环境保护意识，对提高临沂的知名度、完善城市功能等具有重要意义。

### 4.2.2　理念与特色

与一般城市动物园相比，临沂动植物园具有两大鲜明的特点：一是野生动物数量大、种类多，就某一类动物而言，往往能够形成群体结构；二是饲养方式不同，一般动物园对野生动物多系笼养，一个铁笼面积仅十余平方米，动物的活动空间很小，而临沂动植物园内所养的动物多系自然放养。临沂动植物园集动物展览与植物展览于一体，除动物展区外，还在游园的西、南、北三面设置了植物景观区，开辟了银杏园、樱桃园、猕猴桃园等特色植物园，给游客返璞归真之感。

### 4.2.3 布局结构分析

目前临沂动植物园的动物园区（以下简称动物园区）共分为动物展区、休闲活动区、入口服务区、科普教育区、办公管理区、极地海洋世界区六大功能区域。动物展区以"动物分类"为展示线索进行布置，这与以"食性分类"的排列方式相比更加科学，是一种在我国最为普遍的展览方式。动物园区地势平坦，水绿格局优势明显，有贯穿全园的湖泊、茂盛的植被，为动物园区景观的提升奠定了良好的基础。

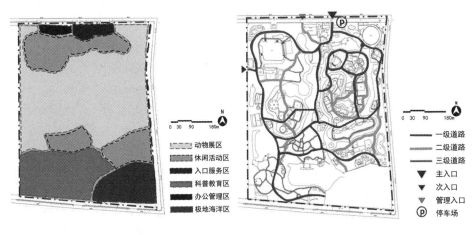

图 4-3　功能分区图
图片来源：作者自绘

图 4-4　交通分析图
图片来源：作者自绘

### 4.2.4 功能分区分析

根据第三章对功能分区提升设计方法的研究，笔者将极地海洋区与动物展区合并，将动物园区整体按照五大功能分区的方式进行详细分析。

**1）动物展区分析**

（1）动物展示空间

临沂动植物园作为鲁南、苏北地区唯一的大型综合生态旅游目的地，动物品种丰富，动物园区占地 1 000 余亩，建有动物场馆 62 处，拥有国宝大熊猫、金丝猴、白虎、东北虎、非洲狮、金钱豹等多种珍稀野生动物。目前，临沂动物园区主要展馆及展区的动物种类、动物数量、展区类型、展区规模统计如下：

表 4-1 展区内容统计

| 动物场馆 | 动物种类 | 动物数量/只 | 展览布局方式 | 展区规模/平方米 |
|---|---|---|---|---|
| 大熊猫馆 | 大熊猫 | 2 | 混合式 | 约 1 800 |
| 灵长馆 | 德氏长尾猴、白猫长臂猿、白颊长臂猿、松鼠猴、卷尾猴、绿狒狒、短尾猴 | 22 | 混合式 | 约 840 |
| 爬行动物馆 | / | / | 笼舍式 | 约 1 000 |
| 马来熊馆 | 马来熊 | 2 | 混合式 | 约 600 |
| 黑熊馆 | 黑熊 | 2 | 混合式 | 约 1 000 |
| 棕熊馆 | 棕熊 | 2 | 混合式 | 约 740 |
| 海狮馆 | 海狮 | 4 | 混合式 | 约 900 |
| 鸵鸟馆 | 鸵鸟 | 8 | 混合式 | 约 540 |
| 小浣熊馆 | 小浣熊 | 8 | 混合式 | 约 580 |
| 狮虎山 | 白虎、孟加拉虎、美洲豹、东北虎、金钱豹、非洲狮 | 20 | 混合式/笼舍式 | 约 6 600 |
| 斑马馆 | 斑马 | 9 | 混合式 | 约 700 |
| 长颈鹿馆 | 长颈鹿 | 4 | 混合式 | 约 2 000 |
| 蓝角马馆 | 蓝角马 | 4 | 混合式 | 约 870 |
| 猩猩馆 | 猩猩 | 2 | 混合式 | 约 670 |
| 鸵鸟馆 | 鸵鸟 | 8 | 混合式 | 约 1 200 |
| 细尾獴馆 | 细尾獴 | 6 | 混合式 | 约 420 |
| 河马馆 | 河马馆 | 2 | 混合式 | 约 900 |
| 猴山 | 金丝猴、短尾猴、猕猴 | 32 | 混合式 | 约 1 600 |
| 食草动物 | 羊驼、剑羚、骆驼、牦牛 | 52 | 混合式 | 约 1 300 |
| 狼馆 | 狼 | 4 | 笼舍式 | 约 300 |
| 斑鬣狗馆 | 斑鬣狗 | 6 | 笼舍式 | 约 300 |
| 小熊猫馆 | 小熊猫 | 6 | 混合式 | 约 240 |
| 豪猪馆 | 豪猪 | 6 | 混合式 | 约 250 |
| 海狸鼠馆 | 海狸鼠 | 8 | 混合式 | 约 300 |
| 百鸟园 | 鹦鹉、东方白鹳、白枕鹤、丹顶鹤、元宝鸡、蓑羽鹤、火鸡、红腹锦鸡 | 122 | 沉浸式 | 约 5 000 |

注：作者自绘

① 动物展区设计现状

在动物园区中，大熊猫馆、狮虎山以及猴山从地形的处理、植物的选择、丰容设施的配置都体现了现代动物园的发展宗旨,尽最大可能地打造了适合动物、利于动物生活的展区空间。

在食肉动物区的展馆设计中,动物园区以狮虎山展区为核心,将人造假山作为背景、壕沟作为隔障建成展区的室外部分,科普廊道作为游览路线模拟动物野外自然生境,并在展区内布置可供动物玩耍、躲避的丰容设施,创造了接近自然的生存空间。

此外,狮虎山展区内还设置了以钢架结构为支撑、铁丝网包围的圈养展区,该展区存在内部丰容较为简单、表面较为光秃缺少视线遮挡的问题。作为食肉动物区的另一个重点区域,熊岛中有马来熊馆、黑熊馆、棕熊馆等多个场馆,但熊岛分布松散,难以形成片状效果,需要在后期提升中合理规划,形成规模效应,以优化游览效果,避免游客走过多的回头路。同时,后期需要根据动物习性对熊馆内的丰容设施进行丰富,可以借鉴苏州上方山森林动物世界中的熊馆设计,在建筑的边缘设置顶棚进行视线阻隔,避免产生严重的玻璃反光。

图 4-5　狮虎山现状
图片来源:作者自摄

图 4-6　熊馆现状
图片来源:作者自摄

在大熊猫馆的室外展区中,园方依据大熊猫的生活特性为其布置了可供攀爬玩耍的丰容设施,包括木制栖架及水池。室内采用单个连接的橱窗展室,来展示大熊猫在室内活动的形态,并在橱窗外侧设置了一些科普教育性质的展示牌。

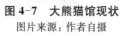

图 4-7　大熊猫馆现状
图片来源:作者自摄

图 4-8　大熊猫馆科普牌
图片来源:作者自摄

在猴山展区中，大面积的人工山石构成了环境主体，展区内设置的可供攀缘的绳索以及突出生境环境的植物丰容，为动物创造了一个可供跳跃、攀岩的活动空间。但美中不足，猴山顶棚采用了水平的形式，这并不适合此类擅长攀爬、跳跃的动物。在后期提升中可以将其改造为软质钢丝网，充分增加动物的活动空间，并进一步提升猴山内部丰容。

图 4-9　猴山展区现状
图片来源：作者自摄

相比较食肉动物展区，食草动物展区情况却截然不同。如在大象、麋鹿这一类大型食草类动物展区中，展区内部的建筑缺乏隐蔽性，室内与室外空间缺乏连接，未能充分发挥混合式展区可模拟生态环境的优势。在隔障设计中，通过钢结构围栏与游客进行隔离，形式较为生硬，不符合沉浸式的展馆打造理念。内部的地表垫层选料以沙土和水泥为主，不能满足动物的需求，可提升空间较大。同时，展区内部缺少绿化丰容及相关活动设施丰容，仅仅摆放了一两个栖架，设施雷同，没有从动物自身的需求出发进行布置。这不仅让动物毫无躲避空间，完全地暴露在人群的视线中，而且局限了动物的活动方式，与现代城市动物园还原动物自然生态的栖息地这一理念背道而驰。

图 4-10　隔障与丰容现状
图片来源：作者自摄

由于小浣熊、细尾獴等小型哺乳类动物攻击性较低，在此类动物的展区设计中，通常考虑创造人与动物亲密接触的机会，在室外展区部分以低矮的墙体进行隔离，游客可以环绕展区四周进行游览。但这样的展示方式存在一定的缺点,即缺乏适当的隐蔽空间以及丰容措施,缺乏对动物躲避心理的考虑。展区内外部分缺乏生境的营造,容易造成一种"圈养式"的错误心理暗示,同时会对其中动物的正常生活造成干扰。

**图 4-11 小浣熊展区**
注:图片来源:作者自摄

**图 4-12 细尾獴展区**
注:图片来源:作者自摄

百鸟园和水禽湖是临沂动物园区中较为重要的景点。百鸟园设置在一个巨大的鸟笼内,鸟笼表面为镀金色的钢架结构,四周用细铁丝网进行包裹,顶部呈伞状,增大了鸟类自由活动的空间,鸟笼内部利用假山石、水塘和植物打造了一个模拟自然生态的鸟类生存环境。鸟笼内饲养了天鹅、鸳鸯、孔雀、赤颈鸭等不同品种的鸟类,游客可以购买饲料进行喂食体验,动物与游客之间形成互动,也增添了游园的趣味性。后期提升中可以将园内的水流充分应用,建水池溪流、树林及灌丛草堆,为不同的鸟类营造适宜生活的环境,并种植多种浆果类植物,为其提供自然的食物来源[1]。

百鸟园内的水流与外侧水禽湖的水域相连接,形成活水,但水禽湖内仅仅设置了一些模拟鸟类的雕塑,岸边植被缺乏、植物层次杂乱,丧失了水禽湖原本应当具备的景观效果,也缺乏水禽休息停留所必需的栖架,造成了景观资源的浪费,在后期提升中需要改善。

**图 4-13 百鸟园**
图片来源:作者自摄

**图 4-14 水禽湖**
图片来源:作者自摄

**图 4-15 水禽湖科普牌**
图片来源:作者自摄

② 动物展区现状总结
动物园区的不同展区总体规模差距较大,单个动物必需的展舍面积均符合

国家规定,展览布局方式以混合式布局为主,部分动物展区局部采用笼舍式布局方式,总体展览布局方式较为先进,但展示环境的营造较为落后,不同的展区建设水平不同,与国内先进城市动物园的差距较大。

动物展区部分建成情况总体较好,但也存在几个最为主要的问题:

a. 动物园区建成年代较久,很多场馆设施不符合最新的城市动物园建成规范。如在隔离形式的选择中,室外展区缺少电网隔离,也极少使用自然式壕沟进行隔离,不符合沉浸式造园理念,而室内展区的外部构造也缺少隔障。同时,大部分展馆内的丰容部分较为简单,缺少栖架、木亭、植物组团、水塘等必要的设施;地面形式较为单一,普遍使用水泥,缺少各类地表垫层,缺乏还原自然栖息地的效果。展馆与动物之间的对应性较差,没有做到根据动物习性设置不同的展厅形式,存在千篇一律的问题。

b. 各展馆分布较为杂乱,食肉动物区、食草动物区、鸟禽区等展区间位置划分不明确。如灵长类动物区的室内展馆与室外展馆分布在园内的两个方位,存在较大的管理难度;熊岛中的各个展馆距离较远,难以形成片状效果,同时使得游客容易走回头路。

c. 没有充分利用园内自然条件,造成一定的资源浪费。如水域部分,一些水禽湖原本可以用作水禽的栖息地,大片水域也可以开发一些水上游乐活动。同时,作为动植物园,园内植物部分缺少管理维护,应当对其进行提升改造,突出植物的层次结构、季相效果。

（2）游客游览空间

园内各层级道路之间划分不明确,主要道路不清晰、分叉较多,游客在游览中常常面临着走回头路的困扰,严重影响游览体验。游览车行道路与步行道路缺乏明确划分,存在着一定的安全隐患;管理道路与游览道路区分度不够。在铺装方面,主路为新铺设的沥青环路,其余二、三级道路均采用砖铺地,铺装类型不够丰富。园内没有进行人流双向区分,当人群密度过高时,很容易形成人流对行。此外,参观通道与离区通道也缺乏清晰的划分。

图 4-16　游览车行道与步行道
　　　　无明确划分
图片来源：作者自摄

图 4-17　园内环路众多
图片来源：作者自摄

**2）入口服务区分析**

临沂动植物园区共设置了三处出入口,第一处位于动物园北侧沭河大道与厦门路交界处,为动物园区的主入口,承担了主要人流的出入功能。第二个出入口位于动物园区西侧,与临沂市青少年示范性综合实践基地相接,但此入口常常呈封闭状态。第三处为管理入口,在动物园北侧,靠近办公管理区域。

入口服务区位于动物园北侧,服务中心以及咨询服务处设于出口西侧,并设有相应的入口广场。入口广场以大面积铺装为主,设计较为单调,并且缺乏对自行车与游览车停车位的合理划分。就目前情况来看,亟须适当增加入口广场的设计元素,通过主题门头、形象地标的建设以及植物景观的营造,提升动物园区的入口景观特色。其次,应根据发展需求,对现有广场中的车位进行合理划分,并根据需要在南侧入口兴建一个大型停车场。

图4-18　主要出入口　　　　图4-19　门头设计　　　　图4-20　南入口广场
图片来源:作者自摄　　　　图片来源:作者自摄　　　　图片来源:作者自摄

**3）休闲活动区分析**

园内的休闲活动区设置较为简单,主要分布在各主要动物展区周边,以主题广场和儿童游乐场两种形式呈现。狮虎山主题广场,以简单雕塑为空间视线焦点,周边配植少量乡土植物,休憩停留空间较少;在熊岛、猴山主题广场中,以商铺和少量花坛分割大面积的广场空间,既缺乏对动物园氛围的营造,又缺乏对空间的合理利用,较难满足人群多元化的需求。儿童游乐部分位于园区南侧,作为动物园休闲功能的补充,其设计过于单调,仅仅是"广场+游乐设施"的简单布置手法,空间未得到有效利用,植物配置种类较少,硬质铺装比例过高,并且游乐设施的设置过于商业化,没有与动物园这一主题相结合。在后期提升中,可以借鉴北京动物园的休闲区建造方式,在熊岛、猴山等一些重要展馆区域的节点上建造较大型的休憩场所,并增加景观亭、景观廊架、座椅等设施,或可以根据季节提供避暑设备,打造人性化的游园体验。

图 4-21　游乐场
图片来源：作者自摄

图 4-22　猴山主题广场
图片来源：作者自摄

#### 4）科普教育区分析

在科普教育方面，临沂动植物园与相邻青少年示范性综合实践基地共享资源，基地内部设置国防教育区，展示军舰、坦克等武器装备，为国防教育提供了场所。此类科普教育区教育意义巨大，能够较好地满足人们教育研学需求，但缺乏与动物园的有效联系与过渡。作为动物园这样一个专类园，园内缺少与动物相关的较为集中性的科普教育区，展馆内部仅有少量展示牌供游客阅读。但是这种形式已被日渐淘汰，未来需要打造一个包含生境展示、标本展示、沉浸式影院、互动游戏等多种形式的科普区域。

图 4-23　科普教育区现状
图片来源：作者自摄

#### 5）办公管理区分析

园内办公区位于动物园区的西北侧，设有单独出入口，私密性与通达性良好，南侧在建的极地海洋世界中设有附属办公管理处。此外有部分小型的针对性管理处设于动物园西侧、东侧，较为临近展示区，周围有一定的植物进行遮挡，使得管理区的安全性、便捷性得到一定程度上的保证。

图 4-24　办公管理区现状

图片来源：作者自摄

### 4.2.5　园林要素分析

#### 1）道路规划

园内道路现状为：有一条新铺的沥青路，其他都是砖铺地，主要观赏道路划分较不明确，游览车行道与人行道之间没有进行划分，各级道路之间的宽度区分不足，尤其是三级道路较少，道路与展馆之间的联系性不够紧密，分叉小路众多，游人存在走回头路的可能性。

图 4-25　动物园区一级道路　　　图 4-26　动物园区二级道路　　　图 4-27　动物园区三级道路

图片来源：作者自摄　　　　　　　图片来源：作者自摄　　　　　　　图片来源：作者自摄

#### 2）建筑构筑物

笼舍建筑现状为：千篇一律为白墙黑瓦，缺乏动物园特色，动物场馆缺乏适当的建筑隐藏，基础的墙体彩绘也没有体现在室外的墙面上，不能够为展区提供良好的展示背景。动物展区附属的售卖处建筑千篇一律，缺乏动物园特色，无法体现展区动物特色。餐厅、纪念品商店等建筑形式较为沉闷，公厕等建筑虽有形式的变化，但样式过于散乱，缺乏统一的建设风格。

**图 4-28　笼舍建筑**
图片来源：作者自摄

**图 4-29　商业建筑**
图片来源：作者自摄

**图 4-30　公共服务设施建筑**
图片来源：作者自摄

**图 4-31　科普教育性建筑**
图片来源：作者自摄

**图 4-32　景观休憩建筑**
图片来源：作者自摄

### 3）绿化造景

（1）植物种类较少，季相性不明显

临沂动植物园虽兼具动物园和植物园两种身份，但是动物园区内的植物种类较少，尤其是道路边与动物展馆边的绿化景观较不理想。植物以当地常见的乡土植物为主，包括雪松、女贞、银杏、紫叶李、刺槐等乔木植物，大叶黄杨、金叶女贞、红叶小檗、侧柏、红叶石楠等灌木植物，以及月季、白车轴草等草本植物。乔木多为散植、孤植，灌木主要采用灌木带、球形灌木等整形灌木形式，修饰有余但自然不足，未能形成具有一定景观效果的植物组团，并且园内藤本、蕨类植物缺乏，导致园内有较多裸露土壤，景观效果不佳。滨水区域植物配置单调，水生、湿生植物种类单一，其余区域植物种类丰富度亦较低，全园植物景观千篇一律、缺乏变化。

树种的选择存在两方面问题：一方面，由于北方这一地理因素的局限，园内常绿植物配置过少，秋冬季节景观过于萧瑟，与同为北方地区的北京动物园产生对比。另一方面，园内色叶植物利用水平较低，冬季观叶、观枝干、观花植物较少，四季色彩单调，缺乏多彩的季相变化。

**图 4-33　动物园区道路边植物景观**

图片来源：作者自摄

（2）植物与动物展区的关联性不足

园内植被与普通公园种植方式类似,缺乏将植物种植与动物展区关联的设计思路,动物生境的营造不足。动物展区与公共空间之间缺乏有效的植物连接,使得公共空间与展区空间联系性不够,无法模拟出"走进森林"或"到森林中来做客"的意境。动物园展区并不是一个传统意义上的观赏性园林景观,它所要营造的景观是对动物原生栖息地的模拟,而不是简单的传统园林植物配置的复制,应当将其特征体现在整个园区的绿化之中。动物园区并未结合动物展区进行植物配置,植物景观与动物栖息地生境相去甚远,还有较大提升空间。

**图 4-34　动物园区动物展馆外植物景观**

图片来源：作者自摄

### 4）水系驳岸

动物园区内水系丰富,贯穿全园,驳岸形式以软质驳岸为主,南侧湖边有部分硬质驳岸。园内部分软质驳岸缺乏设计,河道形态变化不足。植物配置主要采用垂柳、紫叶李、红叶石楠等乔灌木,水生、湿生植物种类较少,滨水植物配置层次较为杂乱,对水体生境营造不足。园内硬质驳岸设计形式较为僵硬,亲水空间较少,滨水平台与栏杆等的形式与公园相似,使游客难以获得较好的亲水体验。

**图 4-35　软质驳岸植物景观**
图片来源：作者自摄

**图 4-36　硬质驳岸植物景观**
图片来源：作者自摄

### 5）铺装设计

园内一级道路的铺地材料以沥青材料为主,二、三级道路使用水泥、透水砖等,部分动物展区设有紧贴展区的砖石道路,还有少量由游人踩踏而形成的土路。广场铺地形式依据广场形状铺设而成,颜色以浅灰色为主。园内铺装问题较多：一方面,局部铺地破损较为严重,部分透水砖路面存在断裂和高低不平等问题,需要进行修复处理；另一方面,园内铺地形式较为落后,铺装形式单调,只有局部加入了动物元素,整体缺乏动物园的特色,需要在后期进行提升。

**图 4-37　断裂及高低不平问题**
图片来源：作者自摄

### 6）公共服务设施

园内服务设施不够完善,餐饮设施有售卖机和小型超市,部分动物场馆附近还有咖啡厅与餐厅,但部分餐点整洁度不足,室外餐吧存在垃圾乱丢乱放的问题。信息设施与园区特色不符,且内容设置过于平铺直叙,展示效果较差。休憩设施主要为各式亭廊,可供人小坐休憩,但配套设施不够齐全,数量稍有不足。厕所、垃圾桶的设计缺乏特色性,卫生设施的布点缺乏全面性。

### 4.2.6 运营管理分析

#### 1) 管理体系分析

临沂动植物园是由临沂市人民政府研究决定并出资建设的,共吸引外来资金 150 万元,建设档次较高的游乐项目 7 个,投资 85 万元建设占地 70 余亩的百花园一处,2003 年吸引社会资金 50 万元用于增加园区景观,丰富游园内容。目前规划区由"临沂东部生态城发展有限公司管委会"统一领导、统筹管理与开发建设,并成立"临沂东部生态城发展有限公司"。原有国有体系的建设缺乏专业性的指导,需要有效的后期发展支持力,投入主要依靠政府支持,门票为主要收入来源,资金压力较大,出现入不敷出的情况,后期提升需要围绕复合型盈利的方式展开。

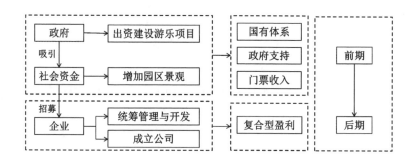

**图 4-38　管理体系层次结构图**

图片来源:作者自绘

#### 2) 教育职能分析

动物园区作为临沂市研学游基地的重要组成部分,动物园的保护教育活动种类丰富、贯穿全年。动物园区应当在后期建设中打造特色研学路线,建设声色图像齐备的宣传科普体系,丰富日常宣传教育方式,营造独特的随机性体验和特殊性体验。将动物园保护教育融入休闲游览之中,更好地发挥动物园的科普教育职能。

具体保护教育活动如下表:

表 4-2　保护教育活动

| 时间 | 保护教育活动主题 | 保护教育活动内容 |
|---|---|---|
| 2 月 | 迎新年动物生肖科普活动 | 将不同年份的生肖作为活动的主题，准备一系列集知识性、趣味性、艺术性于一体的动物科普活动 |
| 3—4 月 | 爱鸟周活动 | 在动物园区的鸟禽馆以不同形式向游客宣传鸟类的识别方式，以及相关爱鸟、护鸟科学知识，使之成为临沂市开展爱鸟周活动的理想场所，同时也是中小学、幼儿园等学生认识鸟类的春游最佳场所 |
| 5 月 | 世界动物多样性和野生动物保护月活动 | 组织与动物多样性和野生动物相关的主题活动，以不同的形式向市民游客宣传相关知识，增加其认同感 |
| 6—8 月 | 暑假精品科普夏令营游活动 | 组织亲子营、街道社区亲子家庭、外省外出务工人员子弟夏令营等团体来园开展科普活动，为不同的团体精心设计游览线路 |
| 9 月 | 全国科普日活动 | 为不同主题准备相关特色展板、动物保护宣传册、动物拼图、动物标本、动物活体等，通过解说、问答等形式，向大众传递生物多样性、保护野生动物的知识 |
| 10 月 | 10 月 4 日世界动物日主题活动 | 以请进来、走出去、进校园、下社区的方式开展主题保护教育活动 |
| 11 月 | 野生动物保护月 | 带上动物园制作的不同主题的展板与标本走进校园，走进社区 |
| 12 月—次年 1 月 | 寒假精品科普冬令营游活动 | 组织亲子营、街道社区亲子家庭、外省外出务工人员子弟冬令营等团体来园开展科普活动，为不同的团体精心设计游览线路 |

注：作者自绘

### 3) 旅游策划分析

临沂动植物园在发展中致力打造"全国区域生态养生特色度假区""全国青少年教育实践平台""山东省动植物研究展览基地""鲁南重要旅游目的地"和"沂蒙文化集中体现区"。目前动物园区年接待量大约为 150 万人次，收入为 2 400 万元左右，旅游人均消费为 16 元/人次，市场面向整个鲁南地区，主要人群为青少年，主要宣传手段为官网。目前景区的业态盈利点主要包括：

表 4-3　动物园区旅游盈利点

| 盈利点 | 盈利数额 | 盈利主体 |
|---|---|---|
| 门票 | 门票 35 元/张,年卡 70 元/张 | 园区 |
| 两栖爬行馆门票 | 10 元/张 | 私人承包 |
| 军舰 | 10 元/人 | 园区 |
| 海狮表演 | 10 元/人 | 园区 |
| 儿童游乐设施 | 10 元/人 | 园区 |
| 餐饮商店 | 10 元/人 | 园区 |

注:作者自绘

　　如今园区收入较低,内部业态盈利点较少,旅游活动与其规划发展目标层次脱节。在提升改造中应当丰富现有旅游业态,增加园区经济收入,同时融合生态康养、研学教育、文化等产业,推动园区产业整合升级。

### 4.2.7　现状总结

　　就前期分析来看,动物园区存在的问题主要可分为四大类,分别为布局结构、功能分区、景观塑造及运营管理问题。

表 4-4　现状总结

| 问题类型 | 具体内容 |
|---|---|
| 布局问题 | 布局结构基本成体系,展示线索需要升级,交通导向性较差,有部分道路为断头路 |
| 功能问题 | 以动物种类为展示线索排列依据的形式较为落后,部分参观路线与展区不相协调。部分动物展区设计过于生硬,展示方式落后。隔障类型中栏杆、墙面可提升空间较大,地表垫层设计较为单一,栖架设计与动物实际需求不匹配,动物生存体验差,游客观赏体验差。休闲活动场所缺乏动物园特色;服务设施不够完善,数量不能满足日益增长的游客需求,样式缺乏特色 |
| 景观问题 | 动物园区的各项景观要素即植物、水景、铺装、建筑都与普通公园配置相似,没有突出动物园生境特点。其中,植物层次过于单一,生境感弱,滨水种植缺乏特色,水体丰富但缺少亲水空间,铺装、建筑无特色,氛围渲染不够 |
| 运营管理问题 | 缺乏完整的管理架构体系。在保护教育的指定性体验方面做得较为出色,内容丰富、类型多样、人群广泛、时间安排合理,但是在随机性体验方面,出现了动物展区的设计生态性不足,随机性保护教育体验较差等问题。缺乏与其他平台的共同协作,品牌形象打造不够完善,商业造血功能不足 |

注:作者自绘

在后期建设中,需要有针对性地提升景区建设品质,强化生态元素的表达与主题氛围的营造;理顺各板块之间的联系,连通不顺畅的游线,优化整体展示线索;完善园内基础设施和旅游公共服务设施,提升各类业态的造血功能,强化旅游项目的参与性和体验性;进一步优化运营管理体制机制,提升人才水平与服务态度,增强与其他平台的协作,打造独特的品牌与口碑,吸引更多游客前来体验;突出网络营销与移动微营销,深化节庆活动等营销模式,构建完善的运营管理体制。

## 4.3 更新设计

### 4.3.1 理念定位提升

**1) 整体定位**

提升后的动物园区定位为"动物世界·孩子王国·研学宝地",旨在打造临沂市东部生态城建设的核心引擎,充分发挥基地的保护教育功能和其隶属于山东临沂研学游目的地的优势,提升动物展区,满足人群需求,发挥教育效益,创建鲁南地区国民休闲、家庭亲子、生态科教旅游目的地,使之成为山东乃至全国城市动物园建设的标杆以及一流的青少年研学游目的地。

**2) 理念与特色**

动物园区作为临沂市东部生态城建设的核心引擎,在提升设计时应从"情境、生境、环境"三境的打造入手,针对主体客群市场,突出研学的功能,突出共享和欢乐的主题,汇聚七大洲的动物明星,以"寻迹七大洲"为主线,让游客在园内领略七大洲动物风情,即非洲(斑马、长颈鹿)—亚洲(熊猫、华南虎)—大洋洲(袋鼠)—极地(虎鲸)—北美洲(美洲狮)—南美洲(火烈鸟)—欧洲(欧洲野牛)。这种主题性的打造更容易提升生态旅游目的地的知名度,进而塑造出定位明确、易于推广的形象。

充分利用场地现有资源,做到园区景观生态化、游览线路人性化、动物环境自然化、动物笼舍隐蔽化、动物展示立体化。针对主体客源市场,打造一个集游憩绿地、动物观赏、研学功能于一体的强调共享与欢乐的新型城市动物园[2]。

**3) 发展策略**

围绕发展定位,以家庭亲子市场和科普研学市场为两大核心市场,从生境、观赏方式、商业模式三个方面重点突破,提升动物园区的旅游吸引力与游客满

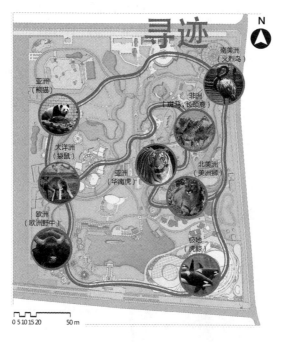

**图 4-39　"七大洲动物明星寻迹游"的旅游主题**

图片来源：作者自绘

意度。

（1）梳理园林要素，重塑生境环境

在宏观层面，从平面、立面、空间着手，重塑园内水绿格局，以地形、建筑、植物丰富园内立面风貌，调整动物与人使用空间的关系，提升动物园区整体氛围。

在微观层面，从植物、水系、铺装、建筑着手，弥补前期规划建设与养护管理的不足，突出不同品类动物的生境风貌与动物园区的独特氛围，打造人与动植物和谐共存的景观。

（2）优化展示模式，打造沉浸体验

调整动物园区边界及出入口，提升开放度、便利度；优化动物园区整体布局结构，梳理功能布局与交通路网，优化现有动物展区、休闲活动、科普教育、办公管理等区域的联结。

针对前期建设不足，提升动物展览方式、展示环境与游客活动空间，将情景化营造、科技化融入、互动化体验、高潮式呈现和故事化演绎融入动物展示之中，打造动物与游客各得其乐的沉浸式体验展示模式。

（3）丰富商业模式，满足游客需求

在品牌载体策划中，基于对现有市场情况和消费者倾向的了解，打造从名称、口号到节庆、实体商品一系列品牌载体，提升动物园区品牌的辨识度，进而增加动物园区的美誉度与市场占有率。

在项目景点路线策划中，构建具备动物园区特色的主题性路线，丰富园内各商业区域的旅游业态，通过多样化的业态体验空间的融入，满足游客对动物园日益增加的物质文化需求。

在营销传播策划中，针对青少年及其他目标客源，打造集咨询、互动、教育于一体的全方位线上平台，建设线上与线下相结合的旅游活动推广体系，全方位推进动物园区品牌形象的塑造与传播。

### 4.3.2 布局结构更新设计

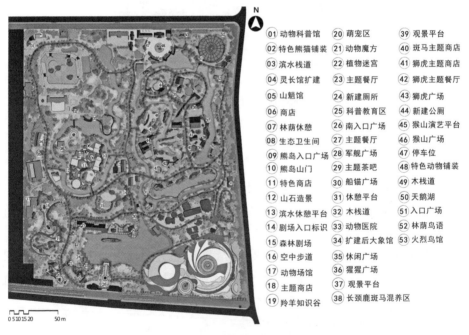

| 01 动物科普馆 | 20 萌宠区 | 39 观景平台 |
| 02 特色熊猫铺装 | 21 动物魔方 | 40 斑马主题商店 |
| 03 滨水栈道 | 22 植物迷宫 | 41 狮虎主题商店 |
| 04 灵长馆扩建 | 23 主题餐厅 | 42 狮虎主题餐厅 |
| 05 山魈馆 | 24 新建厕所 | 43 狮虎广场 |
| 06 商店 | 25 科普教育区 | 44 新建公厕 |
| 07 林荫休憩 | 26 南入口广场 | 45 猴山演艺平台 |
| 08 生态卫生间 | 27 主题餐厅 | 46 猴山广场 |
| 09 熊岛入口广场 | 28 军舰广场 | 47 停车位 |
| 10 熊岛山门 | 29 主题茶吧 | 48 特色动物铺装 |
| 11 特色商店 | 30 船锚广场 | 49 木栈道 |
| 12 山石造景 | 31 休憩平台 | 50 天鹅湖 |
| 13 滨水休憩平台 | 32 木栈道 | 51 入口广场 |
| 14 剧场入口标识 | 33 动物医院 | 52 林荫鸟语 |
| 15 森林剧场 | 34 扩建后大象馆 | 53 火烈鸟馆 |
| 16 空中步道 | 35 休闲广场 | |
| 17 动物场馆 | 36 猩猩广场 | |
| 18 主题商店 | 37 观景平台 | |
| 19 羚羊知识谷 | 38 长颈鹿斑马混养区 | |

图 4-40 动物园区提升设计总平面图

图片来源：作者自绘

### 1）整合边界入口

动物园区位于山东省临沂市经济技术开发区生态旅游目的地核心区域，周边用地类型主要为商业服务业用地以及公共管理与公共服务设施用地，建筑密度及人口密度较低,土地生态适宜性和自然度较高。动物园区在四周设置坚固的围墙、隔离沟壑林带,并在重要节点设置电网,防止动物出逃,以上都是当前最有效的城市动物园边界处理方式。

动物园区选择在整体改造规划中进一步明确动物园边界,保证围墙高度大于 3 米,注重完善周边植物隔障,增大乔木比例,间植大叶女贞、银杏、法桐以及国槐等临沂当地的乡土树种,通过植物种植使得动物园外主要道路与围墙的距离大于 10 米,并且在边界的处理中加入人造山石景观,使得植物与山石边界、植物与围墙边界相结合。合理配置景观要素,改善动物生存环境,保证动物生活在舒适安全的环境中的同时加强与外界环境的隔离。

图 4-41　植物＋山石边界
图片来源:作者自摄

图 4-42　植物＋围墙边界
图片来源:作者自摄

### 2) 优化空间结构

（1）功能分区划分

临沂动植物园在 2012 年一期工程建成时,规划有动物园、植物园、热带温室、青少年综合实践园、青少年职业体验园、国防教育园、园林研究所和沭河沿岸娱乐区等多个景观区。

本次规划改造主要是基于对动物园区近 1 000 亩园地的通盘考虑,根据地形地貌、动植物分布现状及周边环境对其进行空间分割,构成若干独立而统一的区间,创造环境特色。将动物园区按功能区划分为动物展区、入口服务区、休闲活动区、科普教育区、办公管理区五大区域。其中,动物展区包括动物活动空间、游客游览空间,两者相互协调,稳定发挥各自的功能;入口服务区包括游客中心及入口广场;休闲活动区包括儿童游乐区以及分散式主题休闲广场;科普教育区包括国防展示区;办公管理区与原规划保持不变。

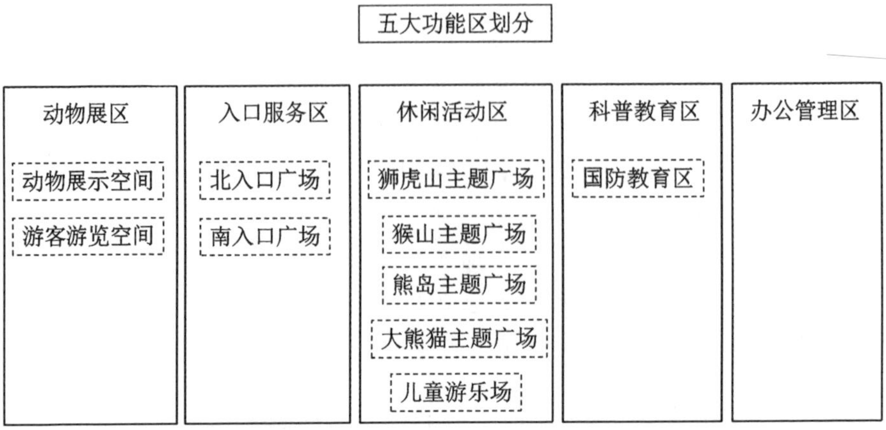

五大功能区划分
动物展区
动物展示空间
游客游览空间
入口服务区
北入口广场
南入口广场
休闲活动区
狮虎山主题广场
猴山主题广场
熊岛主题广场
大熊猫主题广场
儿童游乐场
科普教育区
国防教育区
办公管理区

**图 4-43　五大功能区划分**

图片来源：作者自绘

N
0 5 10 15 20
50 m
科普教育区
动物展区
休闲活动区
入口服务区
办公管理区

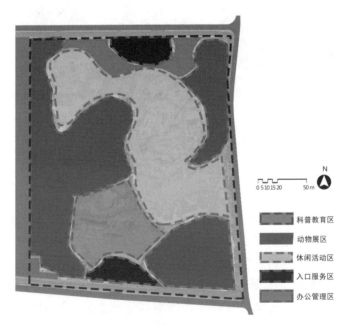

**图 4-44　动物园区功能分区图**

图片来源：作者自绘

(2) 空间布局规划

本次提升设计在空间结构上考虑从动物园区的水绿格局入手，调整岸线形态对水体进行优化，并配合水系流向和动物展区的布局对绿地进行增补，营造出生态景观空间。具体空间结构则以五大功能区为基础，公园主路为"一环"，各个主要空间节点合理分布其中，形成"一环五片多点"的空间布局结构，在大体满足原布局的基础上进行系统化的调整和组织。

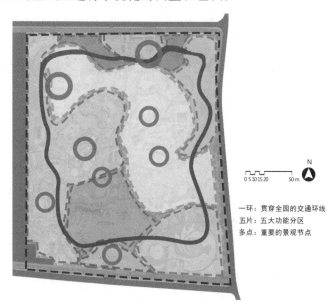

一环：贯穿全园的交通环线
五片：五大功能分区
多点：重要的景观节点

图 4-45 动物园区空间结构图

图片来源：作者自绘

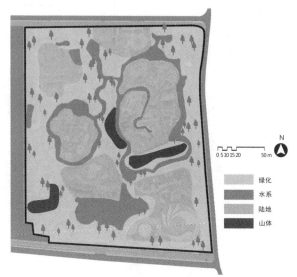

绿化
水系
陆地
山体

图 4-46 动物园区水绿格局分布图

图片来源：作者自绘

### 3) 丰富展示线索

2002 年临沂动植物园未搬迁时的动物展区，采用并联式手法进行游线的布设，在动物馆舍及出入口转折处设置一定提示物。

2012 年搬迁后的临沂动植物园展示线索延续了以往按照动物生态主题排布的方式，将动物展示线索与生态主题相结合，结合临沂动植物园的地形地貌及水系，利用岩石、假山进一步打造微型栖息地形态的展览，展示线索的排布与交通道路引导紧密结合。

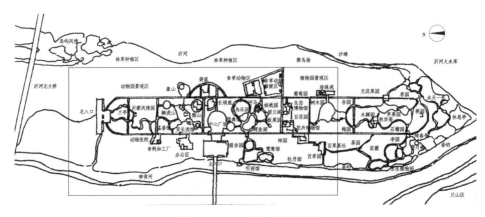

图 4-47　2002 版规划平面图

图片来源：作者自绘

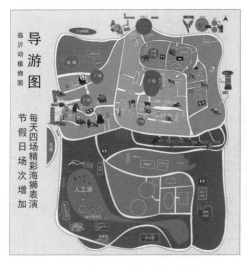

图 4-48　2012 版规划平面图

图片来自网络 https://zhidao.baidu.com/question/
649595092555126525.html

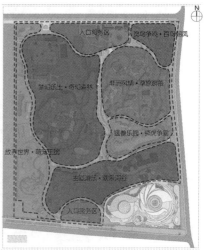

图 4-49　2017 版规划平面图

图片来源：作者自绘

新一轮的改造规划结合各个展区原有动物品种,在充分考虑各种可能性的基础上,保持展区排列顺序不变,赋予其主题特征,将动物展区分为六大展区,分别为非洲风情·草原群落、猛兽乐园·狮虎争霸、梦幻乐土·奇幻森林、灵鸟争鸣·百鸟朝凤、放养世界·萌宠王国、海洋王国·蓝色星球。确立核心动物与附属动物,使得展区规划有重点,氛围营造有特点;给游人以明确的动物分布概念,让游人身临其境地感受其生态环境及生态习性,获得更好的观赏体验。

表 4-5　动物展区及组合

| 主题展区 | 核心动物 | 附属动物 |
| --- | --- | --- |
| 海洋王国·蓝色星球 | 虎鲸、白鲸 | 多种海洋动物 |
| 非洲风情·草原群落 | 长颈鹿 | 大象、斑马、麋鹿 |
| 猛兽乐园·狮虎争霸 | 华南虎 | 东北虎、孟加拉虎、狮子 |
| 梦幻乐土·奇幻森林 | 熊猫 | 黑熊、棕熊、马来熊 |
| 灵鸟争鸣·百鸟朝凤 | 孔雀 | 鹦鹉、珍珠鸡、火鸡 |
| 放养世界·萌宠王国 | 羊驼 | 矮脚马、黑鼻羊 |

注:作者自绘

**4)调整环境色调**

环境色调可以从侧面影响人的感官以及旅游体验,游客在游览环境中会不知不觉地受到环境色调的影响。尤其是动物园这样一种主要服务于青少年、儿童的场所,颜色需要相对鲜艳、富有跳动性,以增强园区的活力感。目前动物园区的动物展馆主要以蓝、白色调为主,颜色较为单一,不同区域的展馆之间颜色缺少变化,并且缺乏绿色植被点缀,游客参观时容易情绪低落,参观效果不佳[3]。

本次改造从墙面彩化设计、景观小品颜色设计、植被色彩打造等几方面来丰富动物园的总体色彩。总体仍然保持蓝色屋顶,因为蓝色可以进行明度的改变,并将墙面刷成米黄色,增添温馨感。在具体不同主题区域的展馆用色上,如非洲风情·草原群落区采用带有非洲元素、草原动物的图案和色彩,以贴切原生地,将游客代入;灵鸟争鸣·百鸟朝凤区则融入蓝天白云的背景,模拟自然栖息地。在一些儿童活动区域如放养世界·萌宠王国的展馆刷成红色、橙色,以鲜艳的颜色吸引儿童的目光。而在一些景观小品如廊架、景亭的用色上,主体使用暖木色,将红木色、浅木色、深木色等搭配形成变化,一些座椅可以使用红色、蓝色等较为跳跃的色彩做出改变。同时增添绿化造景,通过植物层次的打造、彩色树种的搭配营造丰富多彩的植物景观。

图 4-50　改造前环境色调
图片来源：作者自摄

图 4-51　改造后环境色调
图片来源：作者自绘

### 4.3.3　功能分区更新设计

#### 1）动物展区提升

首先，在对原有动物进行评价的基础上，基于动物学家的建议，对动物种类进行调整。一方面微调部分物种，将兔子、山羊、家鸡、鸽子等较为普遍、观赏价值不高的物种混合安置在亲子互动投喂区域，另一方面将涉禽类动物如白枕鹤、白头鹤、天鹅、白鹭等进行成对配置。其次，对动物园现有物种进行分析，发现禽类、猛兽类、灵长类动物种类较为丰富，但食草动物略有不足，根据打造目标，可在西南区适当增添部分食草动物，如岩羊、盘羊、欧洲野羊等。在对动物种类进行基本调整的基础上，对动物展区进行提升，分别对动物展示空间、游客游览空间这两个部分进行改造。

（1）动物展示空间

本次更新改造根据各个展区发展情况的不同，进行了展览形式、展区布局、展示环境以及展区设施的针对性综合提升，以下将以食草动物散养区和草原群落区的改造过程为例，展现动物活动空间提升的设想与成效。

① 展览形式的提升——食草动物散养区

动物园区食草动物散养区为动物活动空间改造提升中的重点项目，本次设计的核心在于转变城市动物园观念，拆除圈养动物的铁栅栏和水泥地，生态化及无障碍化地展示动物的活动。这个片区原为动物园中的花圃园，游线简单，植物层次不明显。重新规划成为食草动物散养区后，因地制宜模拟动物原栖息地环境，建立一处生态性的动物活动场地。设计以动物原栖息地的自然景观为参考，浓缩景观，以小见大，突出自然和野趣。同时规划两条游览线路，增加观赏性，既能减少游客对动物生活的影响，也能保障游客观赏的安全性。

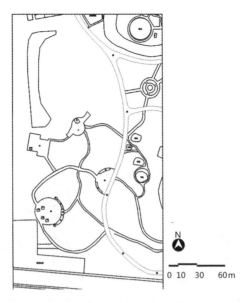

**图 4-52　改造前食草动物散养区平面图**

图片来源：作者自绘

⑯ 空中步道
⑰ 动物场馆
⑱ 主题商店
⑲ 羚羊知识谷
⑳ 萌宠区
㉑ 动物魔方
㉒ 植物迷宫
㉓ 主题餐厅
㉔ 新建厕所
㉕ 科普教育区
㉖ 南入口广场
㉗ 主题餐厅

**图 4-53　改造后食草动物散养区平面图**

图片来源：作者自绘

　　食草动物散养区的定位为集科普教育、休憩游览、科学研究以及动物繁衍于一体的城市动物园区域，是在景观设计中体现生态化，同时实现科学化和信息化的重要区域。

　　散养区动物种类基于安全性原则，选择了温顺攻击性低的食草动物，以合理隐蔽的隔障方式保证双方的安全，并通过合理的植物、山石、水系的配合，模仿野外自然的生境搭配，给动物打造轻松和谐的生存环境。景观设计上则在原有场地的基础上划分游览空间，增加休息点和观赏面，提供更为丰富的游览体验。为更好地满足游客需求，此区域增加了厕所、餐饮、购物点等配套设施。科普区域的加入增加了散养区的教育性，使其更加符合研学基地的定位。

**图 4-54　改造后食草动物散养区效果图**
图片来源：作者自绘

**图 4-55　改造后食草动物散养区
高空俯瞰实景图**
图片来源：作者自摄

　　上层栈道作为食草动物散养区的亮点设计，充分考虑到了游客及动物的安全，实现无障碍观赏的同时保证游客和动物的有序分离。此外，对原有的建筑笼舍外墙进行杉木装饰和片石砌筑，并在屋顶铺设仿真茅草，以此来降低建筑的存在感。同时配套设计了室内笼舍和隔离区，满足该区对动物的管理需求，其中新增建筑笼舍在满足管理员和饲养员管理需求以及动物生存需求的同时，尽量降低层高，有效地弱化了建筑体量。同时，对建筑前的展示空间进行有效的隔离，扩大动物活动空间，按需求分片散养动物，增加部分完全敞开式设计，使动物和游客零距离接触。增加架空观赏廊道，既不影响动物活动需求，也为游客提供多样的观赏休憩空间。

**图 4-56　改造后食草动物散养区效果图**
图片来源：作者自绘

图 4-57　改造后食草动物散养区全景图

图片来源：作者自摄

图 4-58　空中栈道效果图

图片来源：作者自绘

图 4-59　空中栈道实景图

图片来源：作者自摄

改造后的食草动物散养区已经于 2018 年五一前夕建成并投入使用,区域内散养放置了三十多种食草动物,约有 300 只,节假日游客日容量可达 3 万余人次。通过重新规划指示牌、设置智能园区管理系统等方式初步实现管理手段科学化。空中栈道为游客提供了更开阔的视野去观赏动物的活动,增加了趣味性。总体来说,本次改造比较成功地塑造了一处合理、生态和经济的动物展示空间,总体反响良好。

② 展区布局的提升——草原群落区

图 4-60　改造前草原群落区平面图

图片来源：作者自绘

针对前期的调研分析,原场地中食草类动物包括长颈鹿、斑马、骆驼、牦牛、剑羚在内的展区设计较为简单,动物没有足够的活动空间。在人与动物关系的塑造上,仅以两层铁网进行隔离,展区内部无植物丰容设施。这种设计没有为动物打造有效的躲避空间,游客隔着两层铁网观看这些动物也仅仅是见到"活体的标本"。

0  10  30     60m

㉞ 扩建后大象馆
㉟ 休闲广场
㊱ 猩猩广场
㊲ 观景平台
㊳ 长颈鹿、斑马混养区
㊴ 观景平台
㊵ 斑马主题商店
㊶ 狮虎主题商店
㊷ 狮虎主题餐厅
㊸ 狮虎广场
㊹ 新建公厕
㊺ 猴山演艺平台
㊻ 猴山广场

**图 4-61　改造后草原群落区平面图**
图片来源:作者自绘

重新规划的草原群落区在充分考虑安全性和观赏性的同时,将部分食草动物进行混养,结合植物景观建立一个稀树草原生态系统,设置多种类型的观赏平台和投喂点,增加游赏的趣味性。

提升后的草原群落区将各个灵长类展馆合并为猴山广场、猩猩广场以及狮虎广场三个主题广场,改造前这些展馆较为分散,游客往往找不到展馆位置,合并后可以使得游客的参观更有目的性,减少了走回头路的可能。并在区域内增加休闲广场作为较为集中性的休憩区域,同时增添主题雕塑、亲水平台、滨水栈道等景观设施。

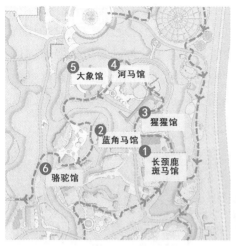

图 4-62　改造场馆
图片来源：作者自绘

图 4-63　改造节点
图片来源：作者自绘

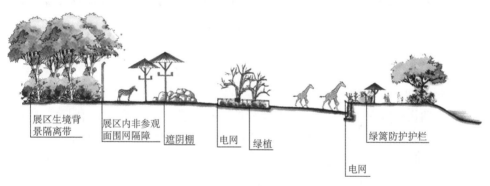

图 4-64　长颈鹿、斑马混养区隔离立面示意图
图片来源：作者自绘

图 4-65　改造后长颈鹿、斑马混养区效果图
图片来源：作者自绘

该区本次提升设计充分利用场地现状，保持场地面积不变，增加展区内的植物种类，包括围网隔离与植物的结合以及内部植物的种植，并在植被周围布置电线进行保护，以此来进行提升。这些植物虽然无法被动物所接触到，但游客能将自然式家园和动物联系在一起，动物也能感到更加舒适。地面以草坪、地被植物为主，增加本杰士堆，营造自然的氛围，并在地面增加部分卵石铺地，具有造景和分割空间的双重作用。

**图 4-66　本杰士堆示意图**
图片来源：作者自摄

此外，小型哺乳类动物展区包括小熊猫馆、豪猪馆、海狸鼠馆、细尾獴馆等，分布在动物园区东侧，以笼舍式与自然式的混合式布局方式为主，隔障方式为矮墙。展区整体面积较小，动物体量较小，建筑缺乏遮蔽性，场地空间划分感较弱。提升强调了对建筑隐藏的操作，包括植物与外墙双重方式侧重于依据动物不同的需求，通过铺地形式进行空间的划分。

植物丰容

铺装更新

围栏隐藏

**图 4-67　改造前麋鹿馆展示环境实景图**　　**图 4-68　改造后麋鹿馆展示环境效果图**
图片来源：作者自摄　　　　　　　　　　　　图片来源：作者自绘

③ 展示环境的提升——鸟禽区

鸟禽区的提升设计从百鸟园和鸟禽湖两部分进行。百鸟园保留原先的不锈钢丝编织网结构，将百鸟园分为东西两个独立的部分，分别饲养不同种类的鸟,采用空投虫类的方式让鸟类自己捕食,创造动物原始的生态环境。尽量减少人工雕琢的痕迹,给予禽类自由飞翔的空间和可以栖息的树木。内部种植高大的树木,设置竹林,并增加浅沙滩、石汀步以及鸟类孵蛋草丛等设施,营造自然生态的鸟类栖息地,并形成移步换景的景观。

原先没有加以利用的水禽湖在改造中被充分利用,采用小岛式的湖面散养模式,在小岛上栽种柳树、榕树等植被,以供游禽栖息、产卵,为游禽创造一个空间开阔、空气新鲜、阳光充沛、洗浴方便的环境。该环境有利于动物的健康成长,能使动物的羽毛更加丰满、洁净,展览效果更加自然,而且也方便工作人员饲养和管理[4]。

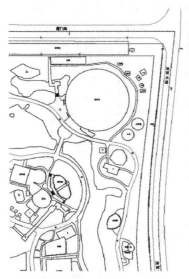

**图4-69 改造前鸟禽区平面图**
图片来源:作者自绘

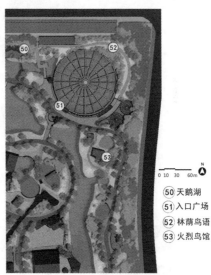

0 10 30 60m N

50 天鹅湖
51 入口广场
52 林荫鸟语
53 火烈鸟馆

**图4-70 改造后鸟禽区平面图**
图片来源:作者自绘

**图4-71 改造后百鸟园效果图**
图片来源:作者自绘

**图4-72 改造后百鸟
园实景图**
图片来源:作者自摄

④ 展区设施的提升

展区设施的提升包括隔障设计以及展馆内部的丰容设计两个部分。

a. 隔障设计

在圈养式隔离观赏的场馆中，人们可以通过围栏、廊桥、隔离沟等隔离手段限制动物活动范围，保证观赏过程的安全性。其中围栏隔离是动物园中最常用的设计手法，也是动物园区中最常见的展出方式。围栏是保护动物与人双重安全的必要性措施，其美观与否会直接影响到游客的观赏体验。在设计中，可以通过材质的选择、地形设计、植物与丰容设施的应用进行围栏隐藏，提升动物展览的效果。

图 4-73　围栏结合植物实景图

图片来源：作者自摄

图 4-74　改造后围栏结合植物效果图

图片来源：作者自绘

在动物园区提升设计中，可以在现有围栏的基础上增加植物、石块或微地形，通过隐蔽或美化现有围栏来提升视觉美感。如在斑马、长颈鹿展示区中，将非展示面的背景围栏与植物进行搭配，并在前侧配以无毒带刺悬钩子属、小檗属灌木，防止食草动物对植物的破坏；展示面的围栏通过与丰容设施的融合，造成视觉上的遮挡,这样的围栏隐藏方式同样可以运用于其他食草动物展区的改造。

图 4-75　围栏隐藏效果图
图片来源:作者自绘

对于对生境环境要求比较苛刻以及需要近距离观赏的动物来说,馆养式展览较之圈养更为适合。馆养式展示能够较好地调节动物各项生态因子,同时便于保持环境卫生,其隔离界面设计是关键。为提升动物观赏效果,可采用玻璃阻挡或钢琴弦隔离,尽可能保证动物展示画面的完整性,并将建筑融于环境之中。

图 4-76　改造后玻璃阻挡展示实景图
图片来源:作者自摄

混合式动物展区往往采用建筑式笼舍和室外展区结合的展出方式,出现了建筑无法与整个环境融合的情况,影响整个展区的展示环境。在充分分析原有展区建筑的基础上,决定采用喷绘方式,打造与本展区相似的生境,从而起到"建筑隐藏"的效果。骆驼馆的建筑隐藏采用建筑墙绘的方式,在建筑上喷绘沙漠的自然风貌,以及在展区中增加适当的植物丰容,以较为简单的方式取得了良好的效果。此外,模仿动物自然巢穴是动物园建筑设计的倾向,其能够充分反映动物与生态的关系,可利用石材和植物塑造狮虎山等动物展馆外立面,使其充分体现动物生活环境特性,并与周围环境融为一体。

图 4-77　改造前建筑暴露在视线之中　图 4-78　改造后利用墙绘+植物将建筑隐藏
图片来源：作者自绘　　　　　　　　　　图片来源：作者自绘

b. 丰容设计

　　根据不同的动物习性与需求和专业的丰容设计师合作，在场馆内布置合适的栖架类型，并合理利用天然树干，在丰富展区环境的同时，为动物活动创造多种可能。如为灵长类动物的栖架提供支架、树干、绳索等可攀爬结构；为熊科、猫科等食肉类动物提供木架、假山、吊床等攀爬设施；在鸟类栖架中放置木桩、人工巢穴等；为食草类动物设置遮阴棚。栖架为动物提供了休息、嬉戏与玩耍的工具，游客能够亲眼看到动物的日常活动，提升了观赏体验。

图 4-79　改造后放养区栖架丰容效果图
图片来源：作者自绘

　　在动物园区栖架提升设计中，因放养区面积较大，动物活动不受限制，可利用自然树干为动物增加跳跃的可能，使环境更富有生境特色。栖架设计在后续的使用过程中，应当注意对其进行维护以及即时更换，确保动物展示的美观性与安全性。

　　在动物园区植物丰容设计中，应当选择与动物原栖息地物种相似、与动物行为相适应、成本低、易养护的植物，并尽可能选择乡土植物。利用植物丰容设计满足动物藏匿、取食和玩耍的需求，通过让动物接触到适宜的植物，激发动物的自然行为，降低动物在展出中的压力，满足动物行为发育的需求。

在动物园区植物丰容提升设计中,按照其不同的展区形式,分为放养区和混养区两类进行针对性提升。在放养区设计中,保留展区中原有植物,并将植物与山石、水体进行合理配置,营造出更为原生态的环境。这样既能满足动物生活的需要,也能让游客更为直观地感知动物与栖息地的关系。在长颈鹿、斑马混养展区,或其他食草类动物展区,由于展区面积有限,采用在展区内增加若干孤植树的方式,增加绿化面积的同时提供林荫空间,同时对这些植物采取一些保护措施,如在植物周围增加栏杆、围网避免动物对其破坏,为动物提供乘凉的环境,并发挥植物净化空气、固碳释氧的生态功能。

**图 4-80 改造后展区内部植物丰容效果图**

图片来源:作者自绘

(2) 游客游览空间

为了创造游客游览空间,我们将展区的道路进行重新规划,建立参观通道与离开通道。通道之间利用科普展板、园林小品等进行分离,在各个方向的转折点设立清晰明确的指示标识,建立大脚丫形状的卡通标识,指明参观方向,防止游客逆行。并且在园中设立景观空间的视觉吸引,使游客处于各个展馆中时能够快速地被该区域内的景观空间所吸引。通过人们的视觉特征及人眼被吸引的频率、时间、反复程度判断出人们对此动物展区感兴趣的程度,将这种"景观空间的视觉吸引"作为评判景观空间质量高低的重要标准,能够对观赏者的生理感知和心理认知产生影响。

① 长颈鹿、斑马展区

动物园区各区域都有各自不同的视觉吸引物,比如,在长颈鹿、斑马展区,我们利用草原、水坑和灌木丛等营造出了一处自然栖息地,同时也打造出了一个更加和谐美观的动物观赏场景。场地中高低不同的观光平台给游客提供了一个水平看到长颈鹿眼睛的机会,由此打造出了一个景观视觉体验颇为丰富的空间。

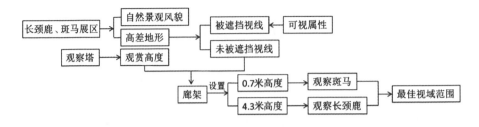

图 4-81 长颈鹿、斑马展区视线与视觉吸引分析图

图片来源：作者自绘

为提升景观视觉感受和游览体验，本次改造丰富了展区内游客的观赏方式。在展区内设置廊架，增加新的动物观赏面与观赏点，并在其中配以绿植与展示科普牌，创造多变的游览路线。由于长颈鹿与斑马身高具有差异性，我们在确立平面游览路线的基础上设置不同的观赏高度。以长颈鹿观察塔与斑马观察塔为例，成年雌性长颈鹿约 4.6～5.5 米高，成年雄性长颈鹿约 5.5～6.5 米

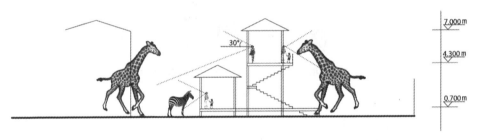

图 4-82 长颈鹿、斑马展区观赏廊架剖面图

图片来源：作者自绘

图 4-83 改造后长颈鹿、斑马展区游线效果图

图片来源：作者自绘

高,成年斑马约 1.5 米高,在长颈鹿与斑马混养展区内设置高 0.7 米、4.3 米两个不同高度的观察平台,能够使游客更好地与不同高度的动物进行交流,在最佳视域范围内观赏到动物的全身像。在观察塔内游客可以使用专门提供的食物对动物进行喂食,与动物进行近距离接触,甚至能观察动物的皮毛花纹,实现与动物和谐相处,体现保护教育的意义。

同时,考虑到斑马和长颈鹿等草原动物胆小温和的性格特点,在非重点观赏面和观赏点采用竹篱围合的形式,对游客和动物彼此进行一定的遮挡。对动物而言,这既提高了活动场地内的庇荫面积,也减小了来自各个方向游客视线的压力,生理和心理上更加放松;对游客而言,半遮半露的场地围合可以使他们在探索的过程中提升观赏动物的兴奋感。

图 4-84　长颈鹿、斑马展区竹篱分隔带实景图

图片来源:作者自摄

② 狮虎山游线

狮虎山位于动物园区中部偏东侧,展示了白虎、孟加拉虎、美洲豹、东北虎、金钱豹、非洲狮六种动物,展区分布呈长条形,占地面积较大,游览路线长且缺

图 4-85　改造前"猛兽乐园·狮虎争霸"区平面图

图片来源:作者自绘

图 4-86　改造后"猛兽乐园·狮虎争霸"区平面图

图片来源:作者自绘

乏变化，布置单一，展区游览步道一侧为水体，缺乏利用。老虎、狮子等物种是动物世界中的强者，位于食物链顶端，此处的改造设计更应向游客宣扬"物竞天择，适者生存"的自然选择机制，在主题氛围营造中融入狮虎元素和动物的威严。

首先，对游线节点进行重新规划，增加入口节点、滨水茶吧两处，丰富游线内容。其次，对游览道路进行宽窄变化的处理，在维持原有道路路宽2米的基础上，对入口和茶吧处的道路进行适当的增宽处理，形成停留空间，起到疏导交通的功能，道路宽度的变化分隔出了行走与停留两种不同的空间，并充分利用临水这一特性，增加临水栈道与亲水活动空间。

图 4-87　改造场馆
图片来源：作者自绘

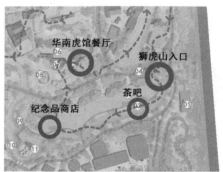

图 4-88　改造节点
图片来源：作者自绘

狮虎山游线中华南虎观赏路段设有玻璃长廊，该设计集科普宣教、休憩娱乐和动物观赏于一体，大面积落地玻璃窗的设置结合活动场地内适当的坡地，将动物威严的形象充分展现给游客。华南虎馆前的玻璃长廊提升设计，可将现有的钢结构框架重新刷成木漆色，增加情景性的石头垒石，并改进知识宣传栏。狮虎山缺少明确的标识，本次设计在东入口增加主题门头，并将台阶改造成缓坡道，以解决高差问题。

图 4-89　改造前科普长廊实景图
图片来源：作者自摄

图 4-90　改造后科普长廊实景图
图片来源：作者自摄

**图 4-91 改造前狮虎山入口实景图**
图片来源：作者自摄

**图 4-92 改造后狮虎山入口效果图**
图片来源：作者自绘

**图 4-93 狮虎山入口立面尺寸**
图片来源：作者自绘

③ 大象馆展区

　　游览通道是人们在公共场合行走、驻足观察的空间，游客行为也会对动物产生相应的影响。动物园区原本的大象馆展区与游客之间通过隔离沟进行分隔，隔离绿化宽度较窄，而当大象处于并不活跃的休息状态时，游客会产生拍打围栏等不良行为，故应在原有游览通道基础上加大壕沟宽度[5]。根据栈道、平台结合湿壕沟参观隔障的设计理念，改造后游客所处栈道与壕沟间绿化隔离带宽度应不少于 3 米，壕沟底部宽度增加到 3 米以上，在此距离内游客易对动物产生亲密感，在栈道上近距离观察和好奇心的驱使下，继而产生喜爱与保护动物的欲望，达到尊重并了解动物的目的。

## 2）入口服务区提升

入口服务区作为第一个动物园兴奋点，是品质提升的关键步骤。动物园区主要通行入口为南大门和北大门，本次更新改造根据动物园区新开发项目以及服务所需，在新建的极地海洋世界新增出入口以及停车场，并对入口内外广场进行提升，重新确定动物园边界，完善周边植物隔障。

（1）北入口广场

北大门位于厦门路与沭河大道交叉口向西 260 米。由于位于动物园东南角的极地海洋世界项目尚未施工完毕，当前情况下，动物园区北大门使用率高于南大门，暂时充当主要通行入口。北大门门头在上一次小范围改造计划中已形成了一定的规模，本次更新改造仅对其进行简单修缮。这一板块大门之内的大象广场成了改造设计重点，景观品质和空间功能性作为入口空间两大要素被充分考虑在内。改造前的大象广场是一个以大象戏水喷泉雕塑为核心的圆形广场，是动物园区主入口的标志及形象的象征，也是连接园内各处的交通枢纽，并具有较为明显的动物园特色，但却存在代步车摆放随意、气氛营造不足、空间划分不明确等问题。

**图 4-94 改造前北入口广场实景图**

图片来源：作者自摄

在此处的更新设计中，对现状铺装选择保留。首先，增加背景林烘托大象喷泉，增加花树组团式种植，形成园内入口广场的对景，提升原入口广场的景观形象，并在喷泉周边增加动物元素铺装。其次，由于北入口广场的内侧紧邻园内水域，因此本次更新改造在岸边做成自然式生态驳岸，丰富水生植物，增添木栈道，丰富园内道路，并在广场西侧增加游览车停放区域，整顿游览车随意停放的现象。通过以上手段提升入口门户的景观品质，凸显动物园特色，同时充分考虑人流集散的空间和游览车停放区域，梳理广场东侧杂乱的植物群落，使天鹅湖及假山景观更加明确可见。

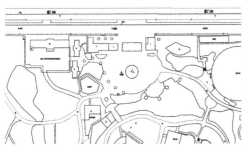

图 4-95　改造前北入口广场平面图
图片来源：作者自绘

图 4-96　改造后北入口广场平面图
图片来源：作者自绘

① 原广场铺装
② 特色动物铺装
③ 自行车租赁点
④ 荷花池
⑤ 大象喷泉
⑥ 木栈道
⑦ 背景林
⑧ 代步车租赁点

图 4-97　改造后北入口广场效果图
图片来源：作者自绘

（2）南入口广场

动物园南大门位于延安路东首向西 200 米，该片区拥有新建成的大型林荫停车场以及处于施工过程中的极地海洋世界，待其营业后，南大门片区人员流动性和场地活力将进一步提升。南大门门头风格与北大门统一，即游客服务中心与纪念品商店设计一体化。景观门户空间极具特色，进门即见开阔水面和动物园区内国防展区的威武军舰。北大门与南大门遥相呼应，统一中见特色，保障了动物园与外界的沟通和人流进出园区的有效集散，形成了合理动线。

南入口广场现状仅为简易式入口，不能满足一个城市动物园的基本需求，因此应兴建一处针对极地海洋世界的游客服务中心与售票管理处的入口，并在入口外侧增加 120 个停车位以满足日益增长的停车需求，在入口内侧设置集散广场，利

图 4-98　改造前南大门实景图
图片来源：作者自摄

用喷泉、植物组团打造入口景观，形式上与北入口广场相呼应，在临近水域的位置增设游船码头，开设形式多样的水上游乐项目。

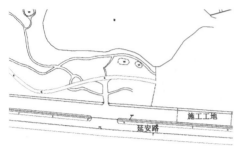

图 4-99 改造前南入口广场平面图
图片来源：作者自绘

01 码头
02 植物组团
03 喷泉
04 入口服务区

图 4-100 改造后南入口广场平面图
图片来源：作者自绘

图 4-101 改造后南入口广场鸟瞰图
图片来源：作者自绘

图 4-102 改造后南入口广场立面效果图
图片来源：作者自绘

**图 4-103　改造后南入口广场实景图**

图片来源：作者自摄

### 3）休闲活动区提升

动物园区休闲活动区共分为五大区域，包括狮虎山主题广场、猴山主题广场、熊岛主题广场、大熊猫主题广场、儿童游乐场，其分散布局于动物园区内，呈点状布局，具有方便游人到达的特性。

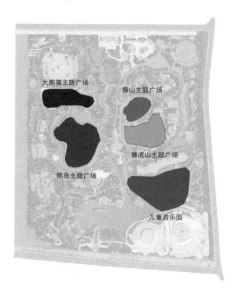

**图 4-104　五大休闲活动区点状分布图**

图片来源：作者自绘

（1）狮虎山主题广场

狮虎山主题广场位于狮虎山北侧，占地面积约 800 平方米，广场以狮虎雕塑为主，周边配置花坛及大理石座椅，并设有游乐设施一处。雕塑摆设略显孤立,植物设计单调,休憩设施未能充分考虑到游客的需求,游乐设施与整个氛围不符。

**图 4-105　改造前狮虎山主题广场实景图**
图片来源:作者自摄

　　平面上本次更新改造根据原场地布局,利用圆形元素划分出活动空间与休闲空间,主题空间以狮虎雕像为主,并结合花坛的搭配降低雕像的生硬感,树池座椅环绕四周增加游人在该空间的停留机会,并在原先游乐设施摆放处的南侧增加圆形休憩区,配置丰富的植物,营造出一种私密的感觉。

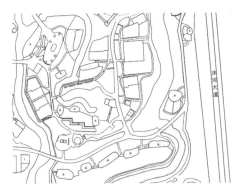

**图 4-106　改造前狮虎山主题广场平面图**
图片来源:作者自绘

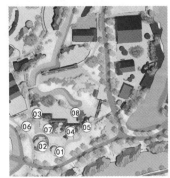

01 休憩广场
02 狮虎山雕塑广场
03 景观亭
04 主题餐厅
05 纪念品商店
06 新增步道
07 原始廊架
08 新增入口

**图 4-107　改造后狮虎山主题广场平面图**
图片来源:作者自绘

**图 4-108　改造后狮虎山主题广场效果图**

图片来源：作者自绘

另外，狮虎山还增加了主题特色门头。在狮虎山门头设计中，我们巧妙地将狮、虎卡通形象与门头结合，营造展区氛围。颜色与材质的选择突出自然性，选色以褐色为主，选材以木料为主。

（2）猴山主题广场

猴山主题广场位于基地中部，占地面积约 2 600 平方米，原场地主要以交通功能为主，设有休憩廊架一处以及少量树池。

**图 4-109　改造后狮虎山主**
**题广场实景图**

图片来源：作者自摄

**图 4-110　改造前猴山主题广场实景图**

图片来源：作者自摄

本次更新改造在平面形态上基本沿用原场地结构，在南部增设小卖部一处，以特色周边衍生产品为主要兜售重点，并在观赏廊架周边增加植物种植，划分停留观赏空间与动态交通空间，并在原有保留树木下增设休憩设施，方便游客在广场上的停留与休憩。

**图 4-111 改造前猴山主题广场平面图**
图片来源：作者自绘

**图 4-112 改造后猴山主题广场平面图**
图片来源：作者自绘

N
0 10 30 60m
① 保留树木
② 景观廊架
③ 表演舞台
④ 铺装
⑤ 纪念品商店
⑥ 新建厕所

**图 4-113 改造后猴山主题广场效果图**
图片来源：作者自绘

（3）熊岛主题广场

熊岛主题广场位于动物园区中部偏西侧，是连接棕熊馆、马来熊馆、黑熊馆、海狮馆、骆驼馆的重要交通广场，占地面积约为 7 400 平方米，原场地以道路和植被为主，硬质较少。

在平面上本次更新改造利用圆形元素，以"圆"套"圆"的方式形成基本铺装，以此来分割休闲区空间。为凸显熊岛特色，以不同种类的熊的形象为业态和景观设计的提取要素，从熊岛入口门头开始将游客引入熊的世界。广场上增设熊岛雕塑、咖啡厅和纪念品商店，并在广场中央设置休闲树阵，西北侧设置生态厕所，北侧临水处设置景观亭与亲水平台，丰富其功能。

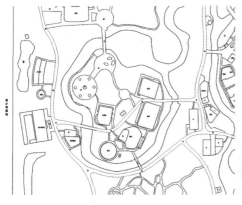

**图 4-114　改造前熊岛主题广场平面图**
图片来源：作者自绘

**图 4-115　改造后熊岛主题广场平面图**
图片来源：作者自绘

N
0 10 30 60m

① 观景亭
② 滨水栈道
③ 熊岛门头
④ 树阵广场
⑤ 休憩广场
⑥ 生态厕所
⑦ 熊岛雕塑
⑧ 笼舍
⑨ 熊岛咖啡厅
⑩ 特色铺装

**图 4-116　改造后熊岛主题广场入口效果图**
图片来源：作者自绘

**图 4-117　改造后熊岛主题广场效果图**
图片来源：作者自绘

**图 4-118　改造后熊岛主题广场铺装效果图**
图片来源：作者自绘

（4）大熊猫主题广场

大熊猫主题广场位于动物园区西北部，占地面积约为 10 000 平方米，原场地以植被为主，主要入口空间放置了游乐设施，无其他休憩空间与设施。

在平面设计中，本次更新改造利用圆形元素确定广场形状，并在大熊猫馆的入口处增设以大熊猫图案为参考的铺地样式，以浅灰色的铺装、黑色的铺装

分割线以及地被植物的种植形成完整的大熊猫样式,配合周边种植的大面积竹类植物,营造出大熊猫的生境,在游客进入大熊猫展馆之前就开始渲染原栖息地氛围,提高游客的游览兴致。同时,在广场四周增加林荫休憩处与若干休憩座椅,提供休憩空间,并在西侧依据地形水体增设生态木栈道,增加亲水空间,并配合湿地植物的种植。

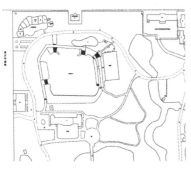

**图 4-119　改造前大熊猫主题**
**　　　　广场平面图**
图片来源: 作者自绘

**图 4-120　改造后大熊猫主题广场平面图**
图片来源: 作者自绘

01 竹林
02 熊猫馆
03 林荫休憩
04 休憩座椅
05 熊猫铺装
06 儿童游乐
07 木栈道
08 湿地植物群

**图 4-121　改造后大熊猫主题广场效果图**
图片来源: 作者自绘

(5) 儿童游乐场

儿童游乐场位于动物园区南侧,占地面积约为 21 000 平方米,设有多种娱乐设施,为儿童在动物园中增加了一种休闲选择。原场地以铺装为主,缺乏绿色植物的空间,提升重点在于对其自然氛围的提升。内容包括在广场增加若干树池及配套休憩设施,并增加动物主题的游乐设施,包括动物魔方与动物迷宫两种类型,通过对植物的特殊种植以及修剪,营造活动交往空间,以此起到满足环境提升与休闲娱乐的双重作用。

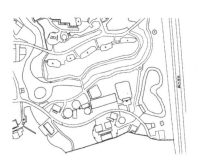

图 4-122 改造前儿童游乐场平面图

图片来源：作者自绘

01 室内游乐场
02 商业游乐设施
03 特色雕塑
04 休憩设施
05 植物造景
06 特色铺装

图 4-123 改造后儿童游乐场平面图

图片来源：作者自绘

图 4-124 改造后儿童游乐场动物绿植效果图

图片来源：作者自绘

  改造后的儿童游乐场新增了萌宠王国版块，将一些小型动物放养在此处，儿童可以对它们进行喂食，与它们玩耍，增添游园的趣味性。在萌宠王国区的门头设计中，我们将动物的卡通形象与门头结合，并将山石和植物配置在其两侧，营造自然氛围。整体设计运用大量自然元素，与展区设计主题吻合，在保证功能性的基础上又不失趣味特色性。

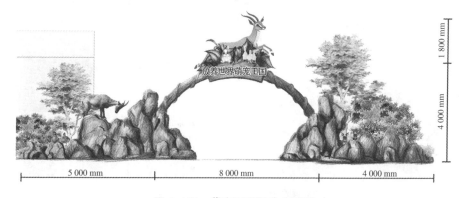

图 4-125 萌宠王国门头立面图

图片来源：作者自绘

### 4) 科普教育区提升

动物园向游客传达自然的诉求，引导游客对自然进行关注，这是历史赋予其的使命和社会责任。科普教育展览是动物园和游客之间的沟通者，动物园通过展览影响着游客的意识和行为，让游客认识到人是自然的一部分，不是自然的主宰，人的生活和自然息息相关。科普教育展览有利于建立人与动物、人与环境的情感联系，培养爱心的形成[6]。

（1）国防教育主题区

动物园区科普教育区建设较为缺乏，现主要有国防教育主题区，其与相邻的青少年示范性综合实践基地共享资源，科普馆尚在建设中，当前传达教育信息的设施仅为一些固定的科普宣传牌和指示牌，信息传递设施单一，无法有效吸引游客。因此，本次对科普教育区的改造重点在于对信息传递设施的统一规划和设计以及科普教育区氛围的营造。将科普馆中静态的科普橱窗、动物标本、植物说明牌等与沉浸式影像、3D互动游戏等动态的信息传递设施相结合，展示动物的形态特征、生活习性、濒危程度以及在生态系统中的地位和作用等知识，并在此基础上通过短视频播放与常识问答、趣味问答等手段进行更加生动形象的科普教育，宣传保护动物理念。将信息传递设施与动物和周围环境看作整体，以此来吸引游客的注意，提升游客参观体验，传递理念知识，为环境教育的开展奠定坚实基础。

图 4-126　改造前科普教育区平面图
图片来源：作者自绘

图 4-127　改造后科普教育区平面图
图片来源：作者自绘

01 军事教育基地
02 主题餐厅
03 滨水咖啡厅
04 新建厕所
05 动物魔方
06 植物迷宫
07 主题餐厅
08 军舰
09 螺旋桨
10 现状廊架
11 茶吧

图 4-128　改造后科普教育区军舰处实景图
图片来源：作者自摄

图 4-129　改造后科普教育区军舰处效果图
图片来源：作者自绘

　　在科普教育区氛围的营造方面,在北部和南部增设滨水主题餐厅,在东部增设茶吧与滨水咖啡厅,并在周边增设林荫休憩空间;在展览的国防武器展品四周用植物进行烘托,增加花灌木与彩叶大乔木,提升背景植物配置。

**图 4-130　改造后科普教育区效果图**
图片来源:作者自绘

（2）森林剧场

　　本次改造合理利用现有环境,新增加一森林剧场作为科普教育的衍生区域。森林剧场以两个交错的椭圆形剧场建筑为中心,并设置了下沉式舞台,可以进行一些主题表演或者为节假日活动提供场所,舞台四周有较大区域的阶梯形观众席,可以满足较大人流的需要。入口处增设主题门头吸引游客目光,剧场四周以绿化进行隔离,并设置了一些花坛增添美感。

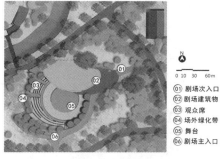

**图 4-131　改造前森林剧场平面图**　　　　**图 4-132　改造后森林剧场平面图**
图片来源:作者自绘　　　　　　　　　　图片来源:作者自绘

**图 4-133　森林剧场入口门头效果图**　　　**图 4-134　森林剧场效果图**
图片来源:作者自绘　　　　　　　　　　图片来源:作者自绘

### 5）办公管理区提升

办公管理区私密性与通达性良好，提升重点在于对现有设备空间的保留和利用，并在出入口种植合适的树种进行有效的隔离与隐藏；对其周边的植物隔离带进行延伸，增种少量观花类植物，增加景观观赏点。

图 4-135 改造前办公管理区实景图
图片来源：作者自摄

图 4-136 改造后办公管理区效果图
图片来源：作者自绘

## 4.3.4 园林要素更新设计

园林要素更新设计目标在于使建筑、人、自然更好地融合在一起，让游客在繁忙的日常生活中，能够在此接近自然，认识自然。对道路、植物、水系驳岸、铺装和建筑构筑物现存问题进行改善，能够营造贴近自然的动物园氛围，提升园林景观的视觉效果和使用舒适度、便利度。

### 1）道路规划

研究团队利用步行轨迹记录 App 完成的轨迹记录，可以清楚体现各级道

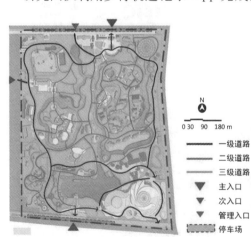

图 4-137 动物园区交通分析图
图片来源：作者自绘

图 4-138 动物园区步行道路轨迹图
图片来源：作者自绘

路的衔接,反映出改造后的交通系统具有较高的流畅度,整条游览路线的设置符合动物园展示与休闲娱乐功能相结合的定位。

以现有的路网体系为基础,完善一级道路回环性,形成一个主轴和若干分支环线相连的网状结构交通系统。一级道路宽 4 米,为沥青路面,现状保持良好,在原有的基础上对少部分路段进行了拓宽处理,并在面层重新铺设沥青混凝土。二级道路宽 2～2.5 米,串联各个主要展区,对部分道路的铺装材料进行更换,材料以块石、板材为主。三级道路宽 1～1.5 米,分布于各个功能区,与一级道路、二级道路相互联系,组成全园交通网路。

**2）建筑构筑物**

园内不具备具有历史价值的保护性建筑,建筑景观的提升除了上文提到的建筑笼舍提升外,还包括对售票房、商店、饮食店、公共厕所等建筑的新建和改造。

园内建筑改造主要针对的是坡顶。其中部分咖啡厅、餐饮店采用木架构与大面积玻璃相结合的外立面设计,既与自然和谐一体,又富有现代感。商店、科普馆等建筑主要采用黑色屋顶,以米色瓷砖为外立面主体,造型简洁。配电室等小型建筑主要隐蔽于假山之中,周围竹林三两丛交相呼应,与周边自然景色融为一体。

**图 4-139　改造后新建咖啡厅实景图**

图片来源:作者自摄

公厕的改造包括原有公共厕所的扩建以及外立面的提升。需要进行提升的公厕位于熊岛、长颈鹿馆、动物管理科旁,建筑面积共 50 平方米。本次提升对屋顶部分进行了颜色处理,以绿色为主,使得整个建筑融于周边环境中;立面采用仿石纹涂料并选择多种颜色进行搭配,营造轻松活泼的动物园氛围。

**图 4-140　改造前公厕实景图**
图片来源：作者自摄

**图 4-141　改造后公厕效果图**
图片来源：作者自绘

**图 4-142　改造后公厕实景图**
图片来源：作者自摄

　　其中新建建筑包括主题售卖部以及放养区的草亭，售卖部体量较小，外立面采用仿木材质，可以使其完全融入周边环境中；放养区的草亭作用在于为动物提供一个遮阴进食的场所，它以木制构架为主，屋顶采用茅草覆面，体量适中，与周围环境相协调。

**图 4-143　主题售卖部效果图**
图片来源：作者自绘

**图 4-144　草亭效果图**
图片来源：作者自绘

构筑物设计部分,增加了少许亭廊、座椅和动物雕塑。按照动物特征,新增不同材质的动物雕塑,如狮虎等动物场馆前增设大型金属材质雕塑,以凸显其威武;熊猫等动物场馆前则增设亚克力材质雕塑,以体现其憨厚可爱。亭廊等建筑多新增于水边及动物场馆附近,位于植物包围之中,为游客提供观景、休憩的舒适场所。

图 4-145 改造后园区内景观亭效果图
图片来源:作者自绘

图 4-146 改造后园区内景观亭实景图
图片来源:作者自摄

图 4-147 改造后园区内雕塑小品实景图
图片来源:作者自摄

### 3) 绿化造景

基于动物园区植物配置存在的景观效果欠佳及生境营造不足等问题,本次提升应当以原有植物群落为基础,通过增加植物种类、丰富植物组团层次、增加常绿植物种类等方式优化园内景观效果,将模拟动物原生栖息地作为植物配置思路,对园内植物景观进行针对性提升。

动物园绿化规划设计包括“园中园”“专类园”“四季园”等配置方式。在动物园区整体植物景观提升中,为了更好地营造整体的森林氛围,采取“园中园”的绿化种植方式,将各个动物展区作为不同种植主题的“小园”,赋予其不同的植物主题与理念;在各个小园之间通过过渡性的种植手法,利用树群、树带、孤植树进行有效的分隔和连接，改善现有各区域种植的割裂感。

除增加各小园间的过渡外，本次提升还依据展出动物的原栖息地特征，利用植物景观打造出五大生态系统：沼泽生态系统、稀树草原生态系统、森林生态系统、灌木溪谷生态系统以及湖泊生态系统。

沼泽生态系统主要分布在鸟类栖息地以及两栖动物栖息地，以突出现状水系为特色，增加水生植物和耐水湿植物，还原野外鸟类传统的栖息地，形成层次错落的湿地景观。稀树草原生态系统模拟非洲草原风景，以地被植物为主，形成开阔的草原景观。森林生态系统通过密林与地被植物的组合，模拟森林景观，营造幽静神秘的氛围。灌木溪谷生态系统模拟狮虎野外生活环境，依托水系，局部种植高大乔木及灌木。湖泊生态系统以现状景观湖为主体，湖岸边增加水生植物与耐水湿乔木，可以起到软化湖岸景观、净化水质的效果。

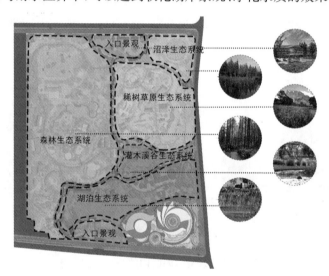

图 4-148　动物园区生态系统划分

图片来源：作者自绘

（1）动物展区植物提升

根据临沂当地气候环境的要求，并结合动物展区现存问题，本次提升有针对性地增加了乔灌木，丰富植物配置，更好地模拟动物生境。其中，放养区以小乔木及色叶树为主，以花灌木为辅，主要树种有黄栌、紫叶李、紫薇、石楠等。狮虎等食肉动物区主要种植油松、雪松、华山松等乔木，以形成山林效果。鸟禽馆以花灌木为主，并种植合欢、珍珠梅、广玉兰、樱花等植物与百鸟呼应。食草动物区力求还原广袤的草原景观，主要树种有泡桐、白蜡、绣绒菊等。灵长类东五区主要种植山楂、柿树、樱桃等果树。为配合热带动物的生活习性，两栖爬行动物区主要种植棕榈、垂柳、广玉兰等植物。园内服务区主要采用疏林草地和花坛相结合的植物配置方式。办公管理区则以灌木为绿篱,与动物展区相隔离。

各区域及重点植物生境营造如下:

表4-6　动物展区植物生境营造

| 区域 | 植物选择 | 种植理念 |
|---|---|---|
| 非洲风情·草原群落 | 泡桐、白蜡、锈绒菊、麻叶绣球、紫叶李、紫薇、石楠 | 再现动物生存环境中广袤的草原或丛林景观 |
| 猛兽乐园·狮虎争霸 | 油松、华山松、雪松、枫杨、栾树、千头椿、毛白杨 | 植物选择以乔木为主,将馆舍空间向外延伸,营造山林氛围 |
| 梦幻乐土·奇幻森林 | 广玉兰、合欢、柿树、山楂、海棠、大叶黄杨 | 丰富植物配置,营造森林氛围 |
| 灵鸟争鸣·百鸟朝凤 | 合欢、珍珠梅、广玉兰、白玉兰、金银木、樱花、鸡爪槭 | 植物选择以花灌木为主,打造轻松活泼的鸟禽类观赏区 |
| 放养世界·萌宠王国 | 黄栌、广玉兰、紫叶李、紫薇、石楠 | 以小乔木和色叶树为主,配以花灌木,丰富景观层次 |

注:作者自绘

图4-149　改造前狮虎山植物配置效果图　　图4-150　改造后狮虎山植物配置效果图
　　　　图片来源:作者自摄　　　　　　　　　　　　图片来源:作者自绘

图4-151　改造后哺乳动物展区植物配置实景图
图片来源:作者自摄

（2）公共空间植物提升

为满足休憩游览需求，休闲活动区适宜采用疏林草地和花坛相结合的方式设置休憩点，充分合理地利用每一块空间增加绿植，改善自然环境景观，力求营造森林氛围。主要道路边的绿化植物选择阔叶乔木以及银杏、五角枫等季相性明显的植物，乔灌草相结合，利用黄杨组团、红花檵木球丰富植物层次性，打造优美的道路景观。

图 4-152　改造前休憩空间植物
配置实景图
图片来源：作者自摄

图 4-153　改造后休憩空间植物配置实景图
图片来源：作者自摄

图 4-154　改造前园内道路绿化配置实景图
图片来源：作者自摄

图 4-155　改造后园内道路绿化配置实景图
图片来源：作者自摄

### 4）水系驳岸

（1）水系景观提升

在公共空间中，水景是改善园内环境，提升园区景观品质的一大要点。动物园区原水系分为北部和南部两大区域，北部蜿蜒富有趣味，南部以开阔水面为主；软质驳岸较多，基本形成了稳定的生物群落。

本次提升对水系形态的调整集中于对部分水系做出宽窄上的变化,即在原有水系上适当开挖、填埋水面,使其开合有致、蜿蜒灵动,为园内景色增添生气。对水系进行提升改造时,应当保护现有水体情况,结合动物园风格特征,在原有基础上增加部分亲水节点,如滨水平台、廊桥、花坛和座椅等,以拉近游客与水系的距离,丰富游客亲水体验,增加游客停留时间。充分利用园内水体,营造多重水体景观,使游客能够充分体会置身山水的自然之美,获得丰富的滨水体验。将部分水系与动物展区相结合,如在水禽湖的设计充分利用现状条件,配置丰富的植物群落,拓宽地表浅层湿地,以此来为动物、植物创造适宜栖居的环境。

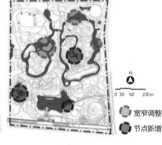

图 4-156　水系调整分析图
图片来源:作者自绘

图 4-157　改造后水系景观实景图
图片来源:作者自摄

图 4-158　改造后水系景观效果图
图片来源:作者自绘

(2)驳岸提升

园内现有驳岸以天然山石或人造石驳岸、自然软质驳岸为主。驳岸植物的重新搭配是这次提升设计中植物部分的重点,在保留原场地内自然式驳岸的现状基础上丰富植物配置,并依据各区域水系情况分别进行配置。选用黄菖蒲、水葱、香蒲等挺水植物丰富沿岸景观,苦草、眼子菜等沉水植

物净化水体,在美化景观的同时利用水生态修复途径改良水体水质。具体设计如下:

表 4-7　驳岸植物选用

| 类别 | 植物选择 | 配置位置 |
| --- | --- | --- |
| 乔木类 | 水杉、垂柳、栾树、榆树、国槐 | 岸边 |
| 灌木类 | 卫矛、沙地柏、金银木、棣棠、金叶女贞 | 岸边不淹水种植 |
| 草花及水生类 | 狼尾草、苔草、黄菖蒲、水葱、香蒲、菖蒲、芦苇、花叶芦苇、睡莲、苦草、眼子菜 | 水畔或水中 |
| 藤本类 | 紫藤、凌霄花、金银花 | 悬挂驳岸及岸壁上 |

注:作者自绘

图 4-159　改造后驳岸植物配置实景图
图片来源:作者自摄

**5) 铺装设计**

铺装的提升设计是基于对现状的充分分析,一方面,在原有的基础上对有破损的部分进行重新铺设,以消除因园内铺装破损带来的不便与安全隐患,进而提升动物园整体美观度与安全性;另一方面,在新增的硬质场地部分,依据各个功能区营造的主题选择铺装类型,穿插融入相关动物的特色元素铺装图案,营造趣味、自然的游览环境。园区道路铺装应尽可能地运用各种天然材质,如块石、板材、泥路、土路等,尽量还原动物园道路自然形态。从细节之处丰富游客的游园体验,同时营造轻松活泼的氛围。本次提升针对铺装材质、颜色和细节设计进行,主要提升措施如下:

表 4-8　铺装选用

| 分区 | 设计理念 | 铺装示意 |
| --- | --- | --- |
| 动物展区 | 采用片石地面,增添粗犷原始的自然气息 |  |
| | 采用塑胶地面,选择曲线、圆形等纹理,橙色、粉色等明快的色彩,为园内增添活泼的氛围 |  |
| 入口服务区 | 选用暖色调或明度较高、尺度较大的铺装,用于主题氛围的烘托 |  |
| 休闲活动区 | 选用与主题相符的铺装颜色,注重氛围营造并在铺装中增加动物元素图案 |  |
| 科普教育区 | 选用与主题相符的铺装类型与颜色,避免刻板 |  |
| 办公管理区 | 与建筑类型与颜色相适应 |  |

注:作者自绘

#### 6) 公共服务设施

服务设施专项共分为三个部分,主要包括卫生设施、休憩设施、信息设施,其他服务设施包括游客中心、停车场,上文均有提及。服务设施包括一级、二级、三级指示牌以及厕所、医疗点、安全保卫点、休憩驿站、免费 Wi-Fi 接入点,必须根据游客的使用习惯以及相应的要求进行布置。具体位置如下所示:

N

0 30 90 180 m

● 一级标识
● 二级标识
🛈 游客中心
🚻 厕所
🅿 停车场
✛ 医疗点
◎ 安全保卫点
🏠 休憩驿站
wifi 免费Wi-Fi接入点

图 4-160　展区内服务设施平面图

图片来源：作者自绘

（1）卫生设施

① 垃圾桶设计

垃圾桶设计需综合考虑动物园的趣味性和教育性特点，与座椅设计形成搭配。垃圾桶应摆放于显眼处，人流多处，20～30 米摆放；人流少处，不宜超过50 米放置；着重在小卖部、商店周围区域进行布置。

图 4-161　垃圾桶效果图

图片来源：作者自绘

② 公厕改造

公厕改造主要是指在南入口、熊猫馆、狮虎山、森林剧场、萌宠乐园等处打造特色的生态厕所。提升后的厕所全部按照 A 级旅游厕所的标准建设,本次公厕改造主要是对其外立面和内部的配套进行完善,重点完善烘手器、垃圾桶、挂钩、洗手液等厕所相关配套设施。

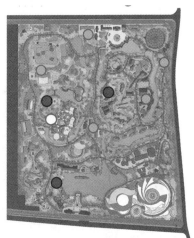

● 新建厕所
◐ 原有厕所
○ 拆除厕所

**图 4-162　改造后展区内厕所平面示意图**

图片来源:作者自绘

除整体提升改造外,本次改造对熊岛、动管科和长颈鹿馆旁的公厕进行了扩建改造。这三个公厕建筑面积共 50 平方米,改造前样式较为普通,均为灰色坡顶建筑,墙壁为白色和米黄色,除名称外无特殊标识。

a. 熊岛公厕

本次改造对熊岛公厕进行扩建,在其北侧增加熊岛超市,设置纪念品商店、休息茶餐厅等区域。建筑外立面整体采用褐色天然石进行外包,在转角处设置小型草坪,配植小型灌木和草本植物,营造出贴近自然之感。

**图 4-163　改造前公厕实景图**

图片来源:作者自摄

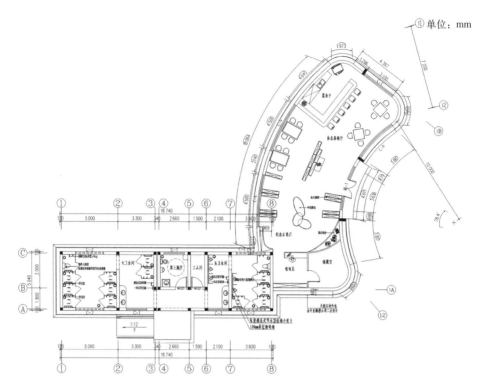

图 4-164　改造后熊岛公厕平面图

图片来源：作者自绘

内部进行自然化处理，整体采用木质装修，墙壁进行垂直绿化，角落放置绿植。公厕及超市均融入熊元素，如在洗手间内张贴《熊出没》海报，设置熊形状的隔板，并在纪念品超市出售各类熊元素纪念品等。

图 4-165　改造后熊岛公厕外部建筑效果图

图片来源：作者自绘

图 4-166　改造后熊岛公厕内部效果图

图片来源：作者自绘

b. 动管科公厕

动管科公厕提升主要是对原建筑进行扩建,并重新设计建筑外立面,丰富外墙色彩,在房顶融入各式动物元素雕像,并在外墙进行天然石和植物样式石块的装修,以增强公厕辨识度,同时体现动物园主题。动管科公厕内部采用黄色、橙色等明快的色彩进行装修,在洗手间隔板、地砖和壁纸上都加入动物元素,营造出活泼的氛围。

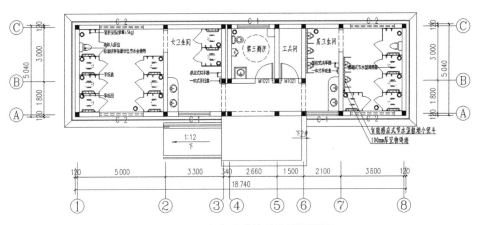

图 4-167　改造后动管科公厕平面图

图片来源:作者自绘

图 4-168　改造后动管科公厕外部建筑效果图

图片来源:作者自绘

图 4-169　改造后动管科公厕内部效果图

图片来源:作者自绘

c. 长颈鹿馆公厕

长颈鹿馆公厕提升主要是在建筑外立面加入欧式城堡元素,在门口设置长颈鹿、斑马雕塑，并对公厕进行扩建。内部整体采用实木和石材进行装修，在洗手间隔板上张贴长颈鹿图案，让使用公厕的人较为真切地感知长颈鹿的外形特征，对所参观动物形成更为真切的印象。

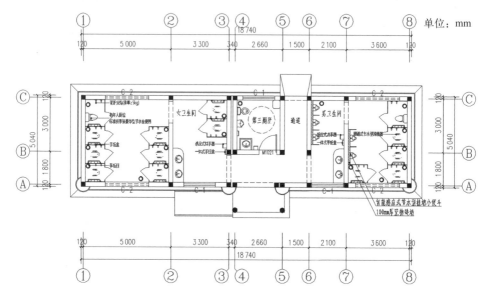

**图 4-170　改造后长颈鹿馆公厕平面图**
图片来源：作者自绘

**图 4-171　改造后长颈鹿馆公厕外部建筑效果图**　　**图 4-172　改造后长颈鹿馆公厕内部效果图**
　　图片来源：作者自绘　　　　　　　　　　　　　　　图片来源：作者自绘

（2）休憩设施

休憩设施的提升设计主要针对的是室外座椅，由于各个动物展区主题及展出内容不同，因此可以将其设计成不同的卡通图案，并应用于座椅的设计之中，颜色以棕色系为主，材料选择木材与石材，同时也能与垃圾桶设计形成呼应。

座椅多设置于休闲广场四周边界大乔木下,形成自然的林荫休憩空间,设计融合创意与童趣。

**图 4-173　改造后室外座椅效果图**

图片来源:作者自绘

**图 4-174　生态坐凳效果图**

图片来源:作者自绘

（3）信息设施

按照国家 5A 级景区的标准以及《标志用公共信息图形符号》等国家规范和标准的要求进行完善升级。在指示牌的设计中加入动物雕塑元素以及抽象动物形象,从自然中提取木制纹理要素,将其与周围环境相结合。为确保信息设施能够起到良好的导示作用,本次提升设计采用风格表现型标识系统,以求与周围环境形成对比,增强存在感,并营造活泼的空间氛围。

表 4-9　标识牌位置及功能

| 标识类别 | 位置 | 功能 |
| --- | --- | --- |
| 一级标识牌 | 动物园正门、北门、西门主要出入口和园内人流主动线的交叉点 | 作为全景导览图，于旅游区的主要入口设置。告知游客参观场馆的大致方位，突出主要道路的提示引导，标出各主要景点、游客中心、厕所、出入口、医务室、公用电话、停车场等，并明示咨询、投诉、救援电话等信息 |
| 二级标识牌 | 人流主动线和次动线的交叉点，包括交通引导牌、导览指示牌 | 于各交通路口设置，涵盖内容包括局部平面图指引、专用交通标志和参观场馆的位置。起到指路、引导作用，使游客能更轻松、便利地游览各景点 |
| 三级标识牌 | 人流相对密集区域，包括景点介绍牌、安全警示牌和环保提示牌 | 景点介绍牌于各景点入口设置，说明单个景点名称、内容、背景以及最佳游览、观赏方式和角度等信息，是对该景区内具体景观的全面解说，能够解决局部游览地段的参观指引和人流的迅速疏散问题。安全警示牌和环保提示牌于滨水空间、绿地空间等处设置，以达到警示、提示的最佳效果 |

注：作者自绘

标识牌整体以棕色为底色，以突出提倡环保、回归自然的理念，即以自然的色彩将导视牌与周围的植物融为一体。在内容设计部分，本次提升用艳丽明快的色彩传达活力四射的热情，用对比强烈的高饱和度色彩，营造不同于日常的视觉体验，增加导视牌的吸引力。同时，标识牌上设置部分展出动物的卡通形象，以期引起小朋友们以及家长的注意与好感。具体设计如下：

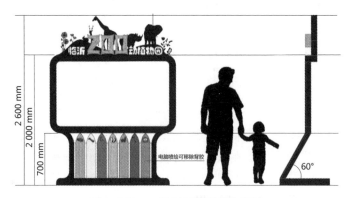

图 4-175　一级标识牌设计立面图

图片来源：作者自绘

一级标识牌的设计考虑到儿童身高,将卡通形象及色彩鲜明的色块放置在儿童视线可及的位置,以期能够吸引儿童注意力,丰富其游园体验。二、三级标识牌的设计则着重突出场馆特征,将指向场馆的动物卡通形象置于标识牌上,一来鲜明的色彩能够从背景中跳脱出来,起到良好的引导与警示作用;二来具备强烈的趣味性和娱乐性,能够增强儿童对即将参观动物的印象和理解。

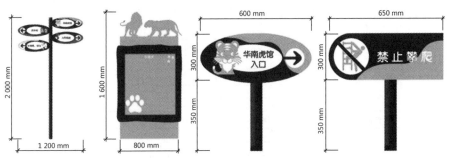

图 4-176　二级标识牌设计立面图
图片来源:作者自绘

图 4-177　三级标识牌设计立面图
图片来源:作者自绘

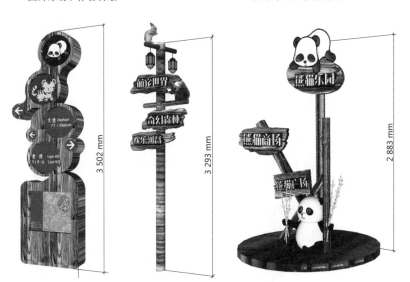

图 4-178　熊猫馆标示牌设计效果图
图片来源:作者自绘

## 4.3.5　专项更新设计

### 1)运营管理提升

(1)管理体系

依据前期分析,建议在临沂东部生态城发展有限公司下设立子公司临沂动物园发展有限公司,具体发展旅游开发、招商与经营管理业务。该公司按照企业制度进行管理,因职能工作需求成立管护中心、旅游与研学中心、建设招商中心、财务融资中心。

建设融合智慧化旅游管理和动物园管理的智慧管理系统,提供信息采集、监督和发布功能,且拥有规章的发布、市场趋势分析、动物园事务管理、行政审批、导游管理、旅游项目管理、游客管理、旅游资讯、应急智慧等功能。

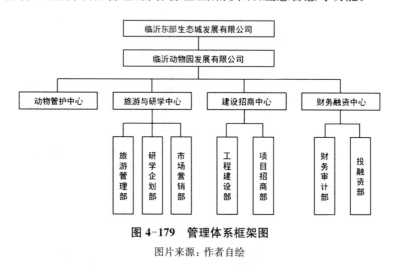

**图 4-179　管理体系框架图**

图片来源:作者自绘

（2）业态经营

依据前期分析可知,目前动物园区的主要盈利点包括门票、动物表演、儿童游乐设施、餐饮设施和主入口及熊猫馆处的商店,但数量和规模都略有欠缺,整体而言商业造血功能不足。

动物园区业态经营提升后,除现有的门票收入、大景点内的小门票收入外,未来项目区主要盈利点将集中于旅游商品、休闲餐饮业态、演艺活动门票、动物食材售卖和欢乐谷游乐项目,整体形成"有吃有喝、可休闲、能带走"的休闲业态体系。

**表 4-10　旅游业态提升分布**

| 类型 | 空间位置 | 业态功能 |
| --- | --- | --- |
| 旅游商品商铺 | 南入口、北入口、大象馆旁、斑马馆旁、熊猫馆旁、熊岛旁 | 旅游纪念品、工艺品、植物盆景等 |
| 特色主题餐厅 | 熊猫乐园、斑马餐厅、狮虎广场、军舰滨水广场 | 特色餐饮、品牌咖啡吧、动物主题酒吧 |

| 类型 | 空间位置 | 业态功能 |
|---|---|---|
| 茶水吧 | 狼馆前、狮虎山西侧滨水绿地、军舰旁滨水空间、百鸟园前、动物互动竞技场旁、湿地植物区域 | 品茗休闲、茶点、小吃 |
| 自动售货机 | 儿童动物园、大象馆、欢乐谷主题游客设施旁 | 饮料、零食 |
| 木屋售货亭 | 动物互动竞技场、熊岛、百鸟园、森林剧场·人猿泰山、熊猫乐园东侧湿地植物区域 | 矿泉水、饮料、零食、旅游商品 |
| 演艺活动 | 森林剧场 | 演艺表演 |
| 喂养体验活动 | 动物互动竞技场、长颈鹿馆、百鸟园、斑马馆、鸵鸟馆、骆驼馆、牦牛馆等 | 出售饲料供游客进行喂养 |

注：作者自绘

园内业态按其内容可分为餐饮售卖类、互动活动类和儿童游乐类，分布如下图所示：

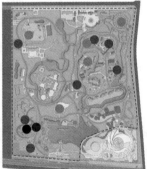

餐饮售卖类　　　　　　　互动活动类　　　　　　　儿童游乐类

- 旅游商品商铺
- 特色主题餐厅
- 茶水吧
- 木屋售货亭
- 自动售货机

- 演艺活动
- 喂养体验活动
- 互动影院
- 空中栈桥

- 儿童游乐

**图4-180　业态经营分布图**

图片来源：作者自绘

在业态经营提升方面,要做到以国家5A级景区要求来进行提升,完善旅游专项要素、人性化配套设施、旅游公共服务系统,并通过亮点项目打造、旅游环境氛围营造,提升动物园区的旅游吸引力。在提升改造时间安排方面,预计于2017—2019年三年间完成提升改造。

2017年,重点对环境绿化景观、道路、交通、水电、网络通信等基础设施进行完善及提升;完善旅游公共服务系统,提升游客中心、生态停车场、生态厕所、垃圾箱、旅游标识系统和人性化休憩设施的建设,配套慢行交通工具;对部分板块,如狮虎争霸和奇幻森林进行主题化打造,对大象馆、熊猫馆进行场馆改造,启动大象馆、狮虎山等主题门头建设,并启动狮虎山广场、熊猫广场、猴山广场等休憩空间建设;完善大象馆、熊猫馆处旅游商品商铺和斑马餐厅、熊猫乐园等主题餐厅的建设;启动熊猫乐园、沙雕体验园项目建设和主题氛围营造,开展猴山广场表演活动;完善动物园旅游网站和微信平台,加强旅游在线营销,完善预定与支付等电子商务功能,启动智慧旅游建设;成立临沂动物园发展有限公司,切实推进提升改造工作。

2018年,进一步完善上一年启动和提升的项目,重点对草原部落和百鸟朝凤两个板块进行主题化打造。结合新建项目完善水电、环卫、旅游标识、绿化等基础与公共服务设施,强化运营管理,并有针对性地提升斑马馆、河马馆、骆驼馆和长颈鹿馆的场馆建设,开展动物喂养体验活动。启动狮虎山主题餐厅建设及茶水吧、木屋售货亭建设,进一步强化智慧旅游系统建设,推进Wi-Fi覆盖工程,并对旅游从业人员进行专业技能培训。

2019年,重点对萌宠之家、欢乐河谷进行主题化改造,继续完善前期项目,着力提升动物趣味竞技场、熊岛等项目建设水平,启动森林剧场项目和欢乐河谷区域主题游乐项目的建设;启动南侧滨水空间业态的导入和亮化建设,打造特色滨水美食街;策划家庭趣味亲子运动会等节庆活动以提升人气,整合包装动物园特色旅游商品。

（3）旅游策划

根据上文分析的原有旅游策划单一、缺乏主题特色的特点,我们对品牌载体、营销传播、园区活动等多方面进行进一步的提升设计。

① 品牌载体策划

为突出动物园区研学、共享和欢乐的主题,针对主体客群市场,提出"畅游动物王国,共享欢乐时光"的旅游口号和周边产品吉祥物的设计理念。在品牌载体设计中,还可以依托项目区的七大洲动物明星重点打造七个动物玩偶造型作为吉祥物,开发毛绒玩具、衣服、帽子等系列纪念品。

② 营销传播策划

**图 4-181　吉祥物设计**

图片来源：作者自绘

营销传播策划包括完善动物园旅游网站，建设动物园旅游"微平台"，建设智慧化信息服务系统，建设自助导览与虚拟旅游系统，建设"私人定制"电子商务平台。

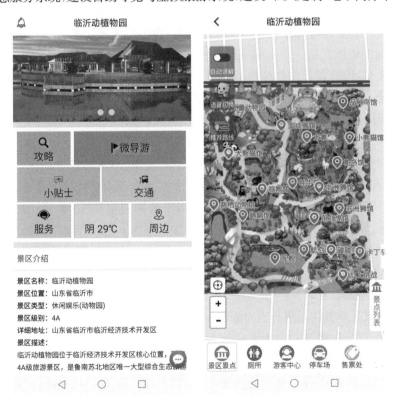

**图 4-182　手机 App 自助导览图**

图片为临沂动植物园手机 App 界面

a. 突出移动营销。随着时代的变迁,网络等新兴媒体开始成为年轻人接收信息的重要平台,其中微信、微博等新媒体具备灵活、碎片化、可读性高、互动性强等特点,能够引导游客参与到临沂动物园的游览、建设和宣传之中,提高游客对临沂动物园的关注度。在移动营销中,应当善于利用微图、微视频、App 等媒介进行营销,使宣传更接地气。

b. 注重网络促销。"互联网＋"是一种新的发展驱动力,互联网平台具备高度的信息开放性与共享性,为宣传提供了良好的平台。网络媒体可以通过图文、动画、视频音频等形式立体呈现,多维度展示动物园的整体氛围,提升游客体验。在网络促销中,动物园应当完善门户网站的建设,与智慧旅游结合,依托门户网站打造"虚拟景区",强化网站与各主要网络搜索引擎以及一些热门站点、旅游网站的友情链接,并完善网上预订服务系统,开辟互动性、及时性较强的旅游沙龙(BBS)。

c. 开展整合营销。如今动物园的线上与线下营销体系已初具雏形,但其营销内容相对孤立,应当以热门活动和成熟品牌为突破口,将动物园、青少年训练基地作为一个整体进行联合营销,发挥一加一大于二的带动作用。

d. 辅助传统营销。过去的旅游宣传主要依赖电视、电影、印刷品、户外广告等传统媒介,传统媒介在如今依然具备较强的权威性,能够较好弥补互联网营销的不足。动物园区的营销策划,应当构建传统媒体与新媒体相融合的多元化宣传推介体系,利用传统的平面广告、电视媒体促销,展会促销,事件促销,本地居民与外来游客的口碑营销进行辅助营销。

e. 深化节庆营销。相较于其他类型的品牌载体,节庆具备更加深厚的文化内涵、丰富的形式与良好的融合性,能够从多方面整合动物园相关要素,提升活动的参与度与体验度。在营销策划中,动物园区可包装推出"临沂动物园家庭亲子趣味运动会""动物大狂欢马戏表演""森林剧场演艺节""夜游动物园"等活动,将节庆作为产品和品牌来经营,满足游客深度体验动物园风情的需求,提升动物园区的差异化优势。

③ 园区活动策划

针对园区原有活动进行有针对性的提升：一方面,在现有活动中增加体验性元素,如在沙雕体验园中为青少年提供动手实践的场所与指导,在各处广场开展动物表演等趣味性活动;另一方面,整合原本零碎的园区活动,以主题串联各处园区活动,根据各个分区的主要动物,以及结合在建的极地海洋世界设计主体游线——七大洲明星寻迹游,并依据各区域主题,对主体门头、形象地标和景观节点等景观要素进行提升改造。

**图 4-183　园区提升活动分布图**

图片来源：作者自绘

**表 4-11　提升活动项目**

| 项目位置 | 项目名称 | 项目内容 |
| --- | --- | --- |
| 沙雕体验园 | 沙雕艺术 | 在沙园现状基础上,拓展儿童沙雕体验教学,培养其艺术气息。长远考虑将沙园打造成儿童职业体验园,为儿童提供模拟场地,在专业老师的指导下扮演各行业角色 |
| 大象主题广场 | 大象表演 | 对现有的大象馆和看台进行提升改造,并策划与大象相关的表演活动 |
| 猴山广场 | 猴子表演 | 充分利用现有的猴山广场场地空间,丰富猴子表演的节目,如猴子骑车、猴子抬轿子、猴子骑马等趣味性表演 |

注：作者自绘

**表 4-12　新增活动项目**

| 项目位置 | 项目名称 | 项目内容 |
| --- | --- | --- |
| 熊猫主题广场 | 熊猫乐园 | 在演艺表演、餐饮业态、旅游商品等方面体现熊猫的元素,结合功夫熊猫主题打造熊猫乐园 |
| 熊岛主题广场 | "熊出没"号 | 借鉴上海迪士尼晶彩奇航项目,结合环岛水上游线,打造一艘"熊出没"号,通过虚拟现实技术和沿岸主题景观串联一条水上游览故事线。同时,陆地上也结合故事和虚拟现实技术,通过熊的脚印串联一条路上游览故事线 |
| 大象主题广场 | 森林剧场 | 通过森林植物群落营造森林舞台效果,以人猿泰山等故事为蓝本,打造体现森林主题的演出 |

注：作者自绘

④ 公共管理策划

在公共管理方面,从旅游咨询服务、旅游标识系统、旅游解说系统、旅游慢行系统、旅游厕所和环卫设施等方面对旅游公共设施进行规划提升。游客中心应当设置于醒目的位置,外形风格简单大方,方便为游客提供售票、问路、休憩、医疗等服务。除主次入口处外,还可以在熊猫馆、狮虎山广场、南侧滨水空间、长颈鹿馆等游客量较大的场地周边设置游客咨询点,形成"一主一次多点"的旅游咨询服务系统。

🛈 游客中心
🛈 旅游咨询点

**图 4-184　园区设施分布图**
图片来源:作者自绘

⑤ 综合保障策划

在综合保障方面,应当加强旅游安全建设,从消防、交通、游览等多方面进行安全专项规划。

在消防安全方面,结合动物园内部管理,进行消防安全管理,明确具体消防措施,配备完善的消防设施和监管设施,并设立突发情况的应急预案。整个园区应严格执行《中华人民共和国消防法》《建筑设计防火规范》等法律法规,以防为主,防消结合。定期检修园内消防栓、消防车等消防器材,并做好记录,确保所有消防器材能够正常使用。加强消防安全培训,组织园内工作人员开展消防安全演练,确保有效应对突发事件。

在交通安全方面,结合交通部门做好交通引导和交通管理工作,注重南北两侧大门前道路的管理,在游览高峰期设置专人引导和管理,防止踩踏事件发生,其他道路可结合实际情况进行限速处理。

在游览安全方面,应当建立完善的安全保卫制度,对可能发生的意外进行实时预警与提醒,并积极履行监管职能,加强安全保卫工作,组建电子设备和安全防护人员相结合的安全防护体系,确保游客的游览安全,从源头避免游览安全问题的发生。同时,应当结合区域及动物园内节点的医疗设施,打造完善的医疗救护设施体系,重视游客在娱乐活动中可能出现的发病、受伤、受到动物攻击等意外情况,在问题发生后提供科学性和及时性的救助,避免由于采取不当措施带来的二次伤害。

**2)社群关系提升**

将动物园的生态保护、科教与研究职能以及社会责任作为重要抓手,提升其社群营销,不断扩大其影响力,进而带动更广泛的群众团体加入野生动物保护及自然生态保护工作中。

(1)生态保护

生态旅游资源的概念是随着生态旅游活动的开展而出现的,它不仅是以生态美吸引生态旅游者回归到大自然并开展生态旅游活动的客体,还是一个国家或地区发展生态旅游业的物质基础。由于生态旅游发展历史短暂,故学者们对生态旅游及生态旅游资源概念的认识还不尽相同。

① 环保先锋

现代动物园以自然保护为己任,理所当然也应成为低碳环保的模范和表率。作为城市的重要组成部分,城市动物园不仅要妥善处理市民关心的污水污物,更要承担起自然保护的社会责任,成为环境和自然保护的先行者和教育者。

作为生态环保先锋,动物园区主张从垃圾回收与节能减排两方面解决污染问题并实现可持续发展。

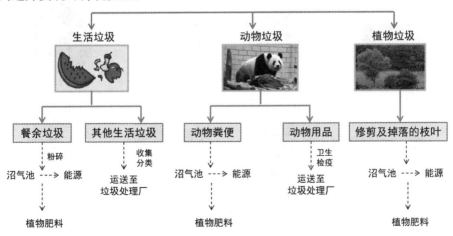

图 4-185 垃圾分类流程图

图片来源:作者自绘

在垃圾分类回收处理过程中，园内设置了多种垃圾桶，从源头降低垃圾分类回收的分拣成本。生活垃圾、动物垃圾和植物垃圾这三类动物园主要垃圾分别有各自系统的回收处理方式，餐余垃圾、动物粪便和植物修剪枝叶可提供能源或作为植物肥料，而其他生活垃圾和动物用品则通过专用通道运送至垃圾处理厂，做到物尽其用、减少污染。

节能减排方面，园区以二氧化碳零排放为建设目标，如动物排泄物经生物处理变为有机肥料；清洁用水、灌溉用水和景观用水经生物净化再循环使用；笼舍采用建筑节能技术；风能、太阳能等无排放清洁能源的利用；采用自然采光和通风设计；生物发酵产热与地热的应用；通过植物的合理配置以吸收动物排放的二氧化碳；雨水的收集和再利用；使用低能耗高效率电器；等等。做到在履行现代动物园社会职责的同时，也可以大大提升其自身品牌价值。

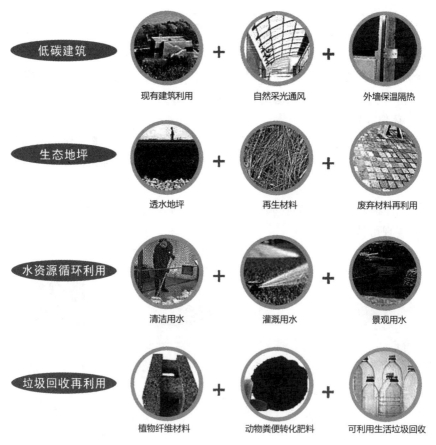

**图 4-186 节能减排示意图**

图片来源：作者自绘

② 动物保护中心

动物和我们人类一样有自己的家园,有自己的社群关系,有吃喝住行的基本生活需求,有繁衍生息的生理需要,也有表达自然行为和社会交往的需要;动物是有智慧的,它们不仅有捕猎和逃避的天性,也有柔情似水的母子亲情;它们有太多我们人类望尘莫及的特殊本领,有太多我们未知的奥秘,有太多需要我们去学习和研究的领域,因而动物和自然是值得人类尊重与保护的。

现代动物园以追求自然和环保为目标,为公众提供了前所未有的休闲和教育环境。与传统动物园的铁笼和刻板呆滞的动物展示相比,现代动物园为游客提供了亲近大自然的机会和环境。在高度艺术化的浓缩版"天然"环境里生活着各种各样的野生动物,它们悠然自得地生活,自由地表达自然行为。在这里人们不仅能远离都市的喧闹和繁华,不自觉地融入自然之中,而且还能认识很多在真实的自然环境中难以观察到的野生动物及其行为。

动物园区在原来的建设基础上,更加重视通过"展示"向游客传达正确的知识,使游客在轻松愉悦的游园过程中直观地了解动物及其栖息地信息、动物的自然行为以及环境对动物生存的重要性;更多地通过工作人员对动物的态度来感染公众,体现对生命的尊重,使尊重生命、保护动物、保护自然成为一种自然的流露,而非一种说教。不同于传统的生硬科普,动物园区以沉浸式的环境培养人的同理心,更加注重感动和感染公众。

(2)科教与研究职能

根据前期分析,动物园区的科普教育措施较为完善。依据场地特性和动物园自身定位,根据上文提升教育职能的措施,制定的提升方案如下:

① 科普展示

增加必要的动物说明牌,标明必要的物种信息,特别标注濒危动物、本土特有物种和参与合作保护项目物种的信息。指示牌应设计成不同高度,低处便于儿童观看,高处便于成年人阅读,具体设计在服务专项设计中已有详细的论述。同时利用网络平台建设动物园"微平台",加设自助导览系统与现场讲解系统,内容包括动物的基本信息、动物的行为、正向训练方式以及饲养员对动物的情感,在公众游览的同时对其进行保护教育的信息传达。

② 研学游路线

在原有的保护教育活动基础上,增设"临沂动物园家庭亲子聚会运动会""动物大狂欢"等参与度较高的运动类型活动,积极开展研学游主题活动路线、特色研学游路线。

根据不同片区的分布特点,园内设置了两条研学游路线。一条研学游路线经过百鸟争鸣、草原部落、猴山、狮虎山,到达极地海洋世界。该路线对动物习性、科普知识及典故进行讲解，让儿童了解自然、动物和物竞天择的道理，学会思考与发表观点。另一条研学游路线经过儿童动物园、奇幻森林、丛林仙踪、军舰科普、萌宠世界，到达极地海洋世界。该路线以创造为核心主题，引导儿童充分发挥自己的主观能动性，亲自动手学习动物知识。

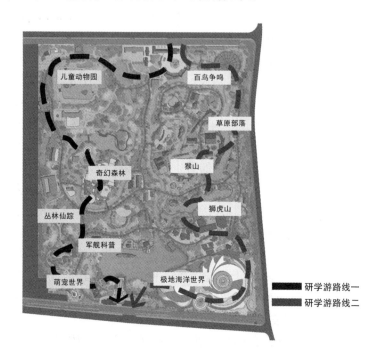

**图 4-187　研学游路线图**

图片来源：作者自绘

**表 4-13　研学游路线一**

| 研学游节点 | 教育目的 |
|---|---|
| 百鸟争鸣 | 由百鸟争鸣衍生出不同学派的争论，教育儿童学会思考，发表观点 |
| 草原部落 | 草原动物以群居性动物为主，教育儿童学会团结合作 |
| 猴山 | 观看动物表演，与动物近距离接触 |
| 狮虎山 | 依托狮子、老虎在百兽中的地位，教给儿童物竞天择、适者生存的道理 |
| 海洋世界 | 学习海洋科普知识 |

注：作者自绘

表 4-14　研学游路线二

| 研学游节点 | 教育目的 |
| --- | --- |
| 儿童动物园 | 培养儿童艺术创造力 |
| 奇幻森林 | 听熊大、熊二、光头强的故事,接受保护森林的教育 |
| 丛林仙踪 | 零距离感受放养动物的原始生活状态 |
| 军舰科普 | 军事文化宣传 |
| 萌宠世界 | 爱心教育 |

注:作者自绘

研学游路线融合了观看、实践、团队协作等多维度教学方式,通过不同节点的活动设置,将行走与学习融为一体,在研学过程中诱发学生探究、思考、总结与吸收知识。研学游路线赋予了学生置身其中的真切体验,让学生将书本上的死知识与实践中的活知识相结合,对自然界和动物保护产生更加深入的了解,做到知行合一、学以致用。

(3) 社会责任

① 传递正确的自然信息

现代动物园向公众传递正确的自然信息,展示方式力求自然化和生态化,最大限度地体现野生动物自然栖息地特征,展示野生动物的自然行为[7]。公众通过参观动物园可以直观地了解野生动物及其生活的环境,了解野生动物的自然行为和社群关系,深切地感受到环境对生命的重要性,懂得地球是人与自然共同的家园,环境的破坏不仅伤害到动物,最终也会伤害到人类自己。

动物园区不仅在园内各处设置标识系统,向游客传递展出动物的相关信息,还积极开展网络端的科普教育活动。通过构建动植物知识库、宣传趣味知识、分享野生动物救助站救助情况等,积极向公众科普野生动物、栖息地相关知识,增进人们对自然和动物的了解。

图 4-188　动物园区母亲节活动

图片来源:临沂动植物园微信公众号

② 加强与公众的沟通与互动

临沂动植物园作为鲁南、苏北地区规模最大、知名度最高、年接待游客量最多的动植物园,有责任加强与社会的沟通,提供精神文化建设的场所。节庆活动作为一种重要的社会活动和文化活动形式,是动物园区与社会交流的最佳窗口。如母亲节,动物园区将动物园刚出生不久幼崽的萌态与母亲的舔犊之爱作为情感共通点进行拟人宣传和推广;端午节,饲养员为猩猩制作"水果粽";国庆期间,动物园区结合国防军事展区进行爱国主义教育活动。

**图 4-189　端午节动物园区饲养员为猩猩制作的"水果粽"**
图片来源:临沂动植物园微信公众号

③ 共建与协同

根据中华人民共和国林业行业标准《大熊猫国内借展场馆设计规范》最新要求,动物园区大熊猫馆于 2018 年开始扩容提升工作,以更好地为大熊猫提供日常生活及饲养管理场所。为不断提高动物园区饲养管理水平,向社会各界展示动物园区生态文明建设成果,并向热爱熊猫的社会各界人士传递动物园区大熊猫生活及饲养管理情况,动物园区面向社会招募了"临沂动植物园大熊猫社会监督员"30 名。这项工作聚集了一批热爱野生动物保护事业,有较高的政治素养,能够积极传播正能量,具有可支配的自由时间以参加动物园区组织的相关活动的人群,他们肩负了与临沂动植物园一起做好科普宣教工作及动植物保护事业的职责。

这 30 名社会监督员有下至幼儿园儿童,上至研究生的不同年龄层和教育背景的学生,有来自社会各界的工作人员,也有微博账号为"临沂同城会会长"这类具有一定媒体影响力的人员。他们将与动物园区共同进步,积极通过监督提出有效的意见和建议,重视公众关切,协助动物园区不断提升各项工作水平和整体运行水平,与动物园区一起向外界传递真实动物园区大熊猫生活情况,推动动物园区良好健康发展,并由点及面做好科普宣教工作及动植物保护事业。

此外,动物园区还通过官方网站、微博、抖音、微信公众号举办活动、发放套

**图 4-190　临沂动植物园"大熊猫社会监督员"聘任仪式合影**

图片来源：临沂动植物园微信公众号

票福利，利用这些传播速度较快的媒介扩大其影响力。园区举办了票选 12 大动物明星活动，制作精美的动物台历赠送给符合条件的参与者，这些举措使园区信息渠道极大地多元化，让每个人都有切实的参与感，变成信息、事件的发布者。

## 4.4　建成效果分析

### 4.4.1　使用情况

动物园区提升改造后，拥有了更大面积的动物场馆、更符合动物需求的饲养环境和更加人性化的展出模式，先后迎来了数批动物入驻园中，包括大熊猫、麋鹿、骆驼及其他非洲地区的食草动物等。提升后的各场馆不仅能够满足新增动物日常生活、活动及饲养管理的需求，而且还利用竹林绿化、假山配景、栖息架、凉亭、采食台等人工造景，打造了 360 度的观赏视角，营造了高还原度的动物栖息地生境。

园内服务设施的全面提升为游客提供了更便利的服务、更清洁的环境和更富有趣味的游园体验，研学游路线的设置为青少年提供了全方位、多维度学习的体验之旅，公厕、商店的提升改造不仅修复了原本与环境格格不入的建筑，还营造了动物园独特的活泼氛围，提升了动物园的使用体验。

### 4.4.2 经济效益

如今,动物园区的动物数量仅次于济南野生动物园,游客日承载量达到6万人次,随着园中珍稀动物的逐年增多,前来观赏的游客也越来越多。2019年五一假期,动物园区日游客接待量达到5万余人次,远超动物园区提升改造前的人数。不仅增加了动物园区的门票收入,还带动园内餐饮、文创、亲子活动等一系列商业业态收入,创造了巨大的经济效益。

### 4.4.3 社会效益

在动物保护方面,动物园区提升改造后成立了山东省首个市级野生动物救助站——临沂市野生动物救助站,该救助站积极开展陆生野生动物的保护和管理工作,承担全市范围内受伤、病弱、迷途野生动物的救护工作,改变了地区无野生动物救护的历史。

同时,动物园区还积极开展科普教育活动,一方面,建设青少年示范性综合实践基地和国防教育区,为青少年提供沉浸式的实践场所,以亲身经历提升对动物的了解;另一方面,动物园区打造了全方位的线上线下宣传体系,以便开展动物保护、科普宣传活动,更好地承担动物园的社会责任。

## 4.5 本章小结

本章主要依托于笔者参与的实际项目"动物园区提升设计"来论证第三章对城市动物园提升设计方法的研究。首先从项目的整体定位、理念特色、布局结构、分区现状、园林要素、运营管理等方面梳理整个项目的基本现状,做到真正全面地掌握园区现状,为动物园区未来发展制定框架,并做好现阶段的准备工作。目前动物园区共分为动物展区、休闲活动区、入口服务区、科普教育区、办公管理区、极地海洋世界公园区六大功能区域,动物展馆设计较为简单,动物展示形式较为落后,内部丰容和隔障设计急需改善,且存在道路规划不清晰,建筑物形式单一没有吸引力,植物造景、水系驳岸设计较差,公共服务设施缺乏,运营管理不到位等一系列问题。全面且准确的前期分析有助于抓准正确的规划目标及项目定位,在后期建设中,需要有针对性地提升景区建设品质。

首先,根据场地的特色与周边项目的联系,提炼出本次的提升设计理念：动物世界·孩子王国·研学宝地,打造鲁南地区极具情景化、生态体验的动物世界,鲁南地区国民休闲、家庭亲子、生态科教旅游目的地。充分利用场地现有资源,做到园区景观生态化、游览线路人性化、动物环境自然化、动物笼舍隐蔽化、动物展示立体化。

其次,根据周边现状及场地的自然条件,对动物园区的布局结构、功能分区、园林要素以及一些专项进行提升升级。将场地的布局结构进行重新设计,包括整合边界入口、优化空间结构、丰富展示线索、调整环境色调,并把场地重新分为五个功能区,分别是动物展区、入口服务区、休闲活动区、科普教育区和办公管理区。动物展区着重提升展览形式、展区布局、展示环境以及展区设施,并对游客游览空间进行重新设计;入口服务区在原先的北入口广场优化设计上新增了南入口广场,扩大了服务区规模;休闲活动区的更新以主题性为中心,分为狮虎山主题广场、猴山主题广场、熊岛主题广场、大熊猫主题广场以及儿童游乐场,各个广场之间以道路连接,富有特色和趣味性;针对改造前科普教育区域的缺乏,此次改造扩大了国防主题区的规模,放置了更多军事模型,并增添了可以举办一些动物表演活动的森林剧场;办公管理区在原先的基础上进行扩充,且尽量隐秘在游客视线之外。园林要素也是此次更新设计的重要内容,改造后的动物园区将植物作为一大重点展示项目,无论是动物展区中的植物还是公共空间中的植物都遵循种类多样、层次丰富、季相性明显的要求,扩充了水系结构,丰富了水岸线的植物群落。重新进行了合理的道路规划,丰富了建筑物形态,增添了多种多样的景观小品,完善了公共服务设施,包括垃圾桶的设计、公厕改造,增添了大量的休憩设施以及信息设施,将人性化设计融入动物园的更新设计中。运营管理进一步深化,完善宣传方式,传递动物园带给外界的社会责任感,将整个规划设计方案进一步细化完善,为其在创造更好的生态效益的同时,发挥社会效益以及经济效益奠定基础。

设计特色在于:第一,在对动物园区现状进行调整的基础上,部分展区的提升设计为打造生境化、情境化的城市动物园带来可能,动物园区在展区设计方面有了一定程度上的进步。第二,对主要的休闲活动区进行了较为全面的提升设计,内容涵盖空间形态的变化、植物的种植以及相关服务设施的引入,同时包括整体氛围的营造,为游客提供了舒适的休憩空间,也体现了动物园区的特色。

同时由于专业能力的不足,动物展示的准确性以及趣味性还需要更为专业的指导。在规划设计完成之后应当及时进行总结,在今后的进一步建设中,将优点发扬光大,并积极总结问题,提出相应的解决方法。

**参考文献**

[1] 吴纪华,汪建文. 中小型城市动物园规划设计要素研究——以贵阳黔灵山公园动物园改造规划设计为例[J]. 贵州科学,2018,36(05):91-96.<br>[2] 淮安市生态动物园总体规划设计[J]. 风景园林,2018,25(01):13.

［3］赵雪,马雪峰,何相宝,等.大象馆环境设计——以北方森林动物园大象馆改造项目为例[J].野生动物学报,2018,39(2):395-399.

［4］贺国鹏.浅谈动物园馆舍设计[J].科技与创新,2016(06):44-45.

［5］刘滨谊,范榕.景观空间视觉吸引要素及其机制研究[J].中国园林,2013(5):5-10.

［6］王俊杰.基于动物友好理念下的现代动物园规划研究——以上海动物园总体改建规划为例[J].中外建筑,2018(05):120-123.

［7］王兴金.毋忘社会责任 探索动物园现代转型之路[J].广东园林,2012,34(01):4-6.

# 第五章

# 总　结

　　构建和谐社会是我们党建设中国特色社会主义的一项重大举措，是顺应民意和历史发展的伟大工程。现阶段我国各地正在积极推进传统动物园向现代动物园的转变，但进度和深度方面还与发达国家存在差距。如何从环境提升角度建设和谐动物园，实现可持续发展，是风景园林工作者需要思考并研究的课题。

　　现代动物园能够提升公众对野生动植物保护的认知并使其意识到自身生活方式与生态系统之间的关联性。现代城市动物园的更新设计正是以动物友好、人与自然和谐的理念为指导，在继续保持园区原有的基本格局不变的情况下，创建新的特色动物展区、特色动物展示类群、特色科研领域和特色保护教育项目，并通过对园区环境重点场地和景观环境的调整优化，突出展示动物的生活场景，提升游客的游览体验，增加人与动物的互动，从而使人们建立更加全面的生态保护意识，为我国现代动物园的建设提供实践基础和指导方向。

## 5.1　研究主要成果

　　本研究以城市动物园为对象，主要以梳理、调查、研究、实践、总结这五大部分为研究主线，针对城市动物园提升设计中所面临的问题，归纳其在规划设计上的不足，并在系统化研究城市动物园提升设计方法的基础上与实际项目相结合，争取能够为以后的设计提供一定的理论指导与借鉴意义。主要成果如下：

　　（1）在理论方面，阅读大量国内外文献，收集城市动物园相关信息。从生态文明建设、生物多样性保护、现代动物园使命以及都市旅游背景四方面论述本书的选题背景，并通过国内外详细的理论与实践研究总结城市动物园在国内外的发展现状。通过比较发现我国城市动物园发展所面临的问题，确立城市动物园提升设计研究的必要性。

　　经过对相关文献及优秀案例的梳理，本研究从城市动物园与提升设计两个方面，分别研究其概念、发展情况以及相关分类。全方位了解两者的相关理论知识,选取国内四个具有代表性的城市动物园建设案例,即建设最早的北京动物园、理念先进的上海动物园、特殊地形地貌的南京红山森林动物园以及代表最新建园成果的苏州上方山森林动物世界进行现场调研。通过对其整体定位、理念特色、布局结构、功能分区、园林要素以及运营管理的调查分析,梳理不同城市动物园在实际建设过程中所存在的优缺点,以期进一步加深对理论知识的理解并加以总结,完成理论到实践再到理论的归纳过程,为后期城市动物园更新设计研究提供理论支撑。

在研究城市动物园提升设计时,首先要满足规划有法可依、有标准可参照的前提条件,因此本研究总结归纳了现有的法律标准,并在此基础上研究其对城市动物园的建设要求,总结了城市动物园提升中各个层面的建设方法。从整体到局部对城市动物园提升设计进行了深入研究,包括理念定位、布局结构、功能分区、园林要素、动物福利专项、生态专项和运营管理专项,主要对功能分区的提升尤其是动物展区环境的提升做了较为细致的阐述,在园林要素上对道路规划、建筑构筑物、绿化造景、水系景观、铺装设计、公共服务设施等多个方面进行了较为全面的总结,目的在于让城市动物园在整体布局、景观和功能上都能够得到提升。本研究从多学科融合的角度,从建设、策划、管理、运营等多方面进行考虑,力求使研究更加立体、细致。

(2)在实践方面,本研究结合实际参与的临沂动植园的动物园区提升设计项目,将前文的研究结果运用到实际项目中去。通过对其进行更新设计前的布局结构、环境现状的分析,以及现场的多次实地调研,对项目进行深入的解读,确定提升后项目新的发展定位、规划目标以及设计理念。严格按照前文规划和设计的框架对其进行从整体到局部的设计分析,包括理念特色重塑、布局结构更新、功能分区重新划分,并对其园林要素进行重新设计。本书中有大量的改造前后的对比示意图,目的是突出提升后的面貌变化。在改造设计后,总结项目自身以及设计方面的优势及不足,对城市动物园设计方法进行具体的阐述,从理论归纳到实践,再从实践回归到理论,充分印证了本书研究内容的可行性。希望本书的研究能够为城市动物园的提升设计以及其他相关类型的规划设计提供借鉴意义。

## 5.2　创新之处

(1)研究契合时代背景。随着城市化进程和生态文明建设的不断推进,城市动物园的自然属性与社会属性不断提升,这要求动物园能够发挥城市生物多样性保护中坚力量的作用,将研学教育、动物保护等多重功能融入提升设计之中。过去对城市动物园提升设计的研究主要集中于对景观、建筑等园林要素外形的提升和对动物展示形式的更新，不能很好地满足现代城市动物园角色的转变。本研究对动物园的时代背景和国内外研究进行了深入挖掘，兼顾动物福利、游客体验和价值提升，能够为城市动物园建设提供更加符合时代要求的更新设计方法。

（2）研究内容较为系统。虽然国内已经有部分学者开展了对城市动物园提升设计的研究，但是重点都在于某一个特定类型的动物展示空间，对动物园系统性的提升设计比较少。本研究通过大量的理论与实践案例，分析了城市动物园区提升设计的重难点，覆盖了城市动物园整体氛围、布局结构、功能分区、园林要素等多个方面，形成了能够协调人、动物与自然三者之间的关系，推动动物园研究、教育、展示、休憩等功能发挥，并兼顾动物园商业模式更新的提升设计理论体系。

（3）研究方法的创新。通过对城市动物园的调研及总结，研究适合我国城市动物园的提升设计方法。运用多学科融合法，从建设到运营，保证研究内容的丰富性、准确性和系统性。同时，将文献研究法、实地调研法、综合归纳法与实证研究法相结合，提出城市动物园提升设计理论研究方法，并在实践中验证了理论的可行性与普适性，为研究结论真正指导实践提供了路径。

（4）案例具有实用推广性。城市动物园的提升符合现阶段人们对自然环境的需求，本研究通过对城市动物园的研究发现城市动物园在提升设计中存在的问题，探索适合我国国情的开发模式。本研究选择北京、上海、苏州、南京等地较有代表性的城市动物园作为前期研究案例，并根据研究成果对临沂动植园的动物园区进行提升改造，案例具备较好的典型性，对当前社会环境下的城市动物园前期建设环节、后期运营管理具有一定的借鉴和推广意义。

## 5.3　研究不足

（1）城市动物园更新设计研究在我国仍然处于初级阶段，研究资料较少，搜集成果有限。但是本研究通过仔细研究现有的资料，并结合大量实际调研案例，保证了研究的整体性与系统性。本研究旨在对城市动物园的展馆布局形式、游客体验、园林要素、运营管理等方面进行提升研究，也含有部分对内部丰容设计、笼舍设计做出的研究，但在展馆或是笼舍设计上无法给出具体的参考数值，研究的深度有待进一步加强。

（2）由于各个城市动物园自身建设程度不同，需要提升的方面不同，城市动物园的提升建设应当结合自身情况进行深入研究。本研究仅对城市动物园更新设计的共性层面进行了研究,对城市动物园特性层面的探讨仅针对临沂动植园的动物园区这一特定动物园进行挖掘,对位于我国其他区域具有不同气候环境乃至不同社会性质的动物园尚未做出探讨。

（3）本次提升设计从多学科角度进行系统化的研究论证,由于时间精力与专业知识掌握有限,对旅游管理、动物科学等交叉学科的认知还有许多的不足,希望各位专家读者给予批评指正。

## 5.4 研究展望

城市动物园提升设计研究对建设城市动物园和促进城市动物园的运营具有十分重要的意义。在理论研究方面,对城市动物园的相关研究,应当充分引起学者重视。动物园行业的特点以及社会对其的期待,要求园区在每 3～5 年的时间内必须对动物园进行一次提升设计。这要求建立一个多学科的意见交流平台,只有有效地对多学科信息进行即时全面的采取,才能更好地推进现代动物园的建设。这也意味着城市动物园的建设工作必将充满着创新与挑战。

在实践方面,城市动物园的提升不能仅停留在简单的展区提升,而应当更多地根据我国城市动物园的现状以及所面临的问题,结合科学理论研究予以解决。既要选择性地吸取国外先进经验,更要从全局把握,从体验感升级、教育职能等多方面进行建设,同时引进先进团队,通过有效运营,全面助力我国城市动物园的发展。

动物园是一个窗口,其发展水平无疑可以反映一个城市的经济、文化发展水平,因此动物园的建设必须体现人与动物和谐共处的要求。传统动物园在国家积极创建生态园林城市的当下,创新服务理念,重塑人与自然的关系,打造动物园品牌,使动物园真正成为"动物—自然—人类"和谐共处的城市绿色空间。